国外城市设计丛书

交往与空间

（第四版）

[丹麦] 扬·盖尔　著

何人可　译

中国建筑工业出版社

著作权登记图字：01-2002-2093 号

图书在版编目（CIP）数据

交往与空间/（丹麦）盖尔著，何人可译. —四版.
—北京：中国建筑工业出版社，2002（2023.11 重印）
（国外城市设计丛书）
ISBN 978-7-112-05202-8

Ⅰ. 交...　Ⅱ.①盖...②何...　Ⅲ. 城市空间－建筑设计
Ⅳ. TU984.11

中国版本图书馆 CIP 数据核字（2002）第 046860 号

责任编辑：孙书妍

本项目由"北京未来城市设计高精尖创新中心——城市设计理论方法
体系研究"资助，项目编号 UDC2016010100

国外城市设计丛书
交往与空间（第四版）
〔丹麦〕扬·盖尔　著
　　　何人可　译
＊
中国建筑工业出版社出版、发行（北京西郊百万庄）
各地新华书店、建筑书店经销
北京云浩印刷有限责任公司印刷
＊
开本：787×1092 毫米　1/16　印张：12¾　字数：300 千字
2002 年 10 月第一版　2023 年 11 月第三十五次印刷
定价：**36.00** 元
ISBN 978－7－112－05202－8
　　　　（21860）

目　录

英文版第一版序

对于那些希望深入了解社区规划及建筑学的目标的人们来说,本书具有特殊的重要性。

早在1971年本书初版之际,扬·盖尔就是为数不多的人文价值的积极支持者之一。他在这方面进行了出色的研究,以使建筑学更好地服务于人类。自从我首次接触扬·盖尔和他的思想以来,一直对他在这方面的真知灼见深有同感并十分钦佩。

十余年后我们终于看到,建筑师以及其他人士对于他所苦心维护的这些价值越来越感兴趣。另外,扬·盖尔的理论在这些年中也有了进一步的发展,更加精练与完美。

如前所述,本书在我的工作中给了我很大的启发,并且我认为,对所有专修或者是涉猎建筑学和社区建设的学生来说,无论他们的年纪和背景如何,阅历长短,它都是一部经典的著作。

本书时刻提醒我们,建筑学不仅要满足景观方面的特殊要求,也要考虑到人们个人或群体的平凡、甚至是琐碎的日常需要。只有与这两方面完美地结合,建筑学这门非常实用的艺术才能发挥其最大的潜力,这一点是至关重要的。另外,我们还必须记住,正是这些日常状况构成了我们生活与城市的主要内容,因而值得重视。

扬·盖尔以一种迷人而又富于情趣的综合性方式给人们有益的启示。现在本书已经译成英文,这是值得高兴的,他的才智将能为比先前更多的人所熟悉。

拉尔夫·厄斯金
1986年10月

谢　辞

本书的调查及研究工作是在丹麦皇家艺术学院的建筑学院进行的。

在丹麦和斯堪的纳维亚国家的研究构成了本书资料及观点的核心，在欧洲及海外的调查材料又充实了本书。

书中提及的一些特殊的调研工作是在下列院校的建筑学学生协助下进行的：多伦多大学、安大略滑铁卢大学、墨尔本大学、墨尔本皇家技术学院、加利福尼亚大学伯克利分院、丹麦皇家艺术学院的建筑学院城市设计系。

英文版的文字稿和插图得到了下列人士的大力帮助：洛杉矶的景观建筑师西斯尔·安德瑞生(Sissel Andreassen)和马克·凡·伍德克(Mark von Wodtke)、伯克利分院的城市规划师卡拉·塞德曼(Cara Seiderman)和建筑师彼得·波塞尔曼(Peter Bosselmann)、普茨茅斯的安德列·卡特(Adrian Carter)、悉尼的克里夫兰·罗斯(Cleveland Rose)。我还要感谢吕贝卡·波伊斯柯夫(Rebekka Boelskov)、里克·苏德(Rikke Sode)以及安妮·芙特(Annie Foght)在版式及文稿方面的莫大帮助。

对于诸位给予的支持和本书英文译者、室内设计师乔·柯克(Jo Koch)的出色咨议与合作，本人深表谢意。最后，我要衷心感谢建筑师拉尔夫·厄斯金为英文版作序。

没有以上各位的热情帮助，要完成本书是不可能的。

中文版第四版前言

我怀着十分兴奋的心情迎接新的中文版《交往与空间》面世。

本书最早的版本出版于20世纪70年代初,其目的是批评当时在欧洲的城市及居住区规划中盛行的功能主义规划原则的不足之处。本书呼吁对户外空间中活动的人们应给予关注,并深切理解那些与人们在公共空间中的交往密切相关的各种微妙的质量。本书指出,户外空间中的生活是应精心考虑的一种建筑学要素。

现在,30年已经过去。众多的建筑时尚和理念已随时光流逝而成过眼云烟。与此同时,致力于城市和居住区的活力与人居性的研究正成为一项重要的课题。在这一时期,世界各地精心设计的公共空间越来越受到人们的欢迎。人们对城市及其公共空间的质量也日益表现出了普遍的关注。尽管建筑户外空间生活的特点随着社会条件的改变而发生变化,但在处理公共空间的人文品质时所采用的基本原则和评价标准却没有根本的变化。

多年来本书一直在不断地更新和完善,多次再版并有很多种语言的译本。此次中文新版与早期的版本有较大的修改,增加了新的材料和新的插图。然而,完全没有理由去改变本书一直强调的最重要的思想精髓:善待市民和他们珍贵的户外生活。

在历史的这一时刻,中国的城市正在急速发展和现代化的进程中经受着巨大的变迁,我希望书中所提出的人性化规划原则能对这一重要的进程有所启发。

扬·盖尔

2002年7月1日于哥本哈根

英文版第四版前言

本书的丹麦文初版于1971年在丹麦出版,它对当时城市和居住区规划中的功能主义原则提出了强烈的批评。

本书呼吁设计师应关心那些在建筑室外空间活动的人们,并充分理解与公共空间中的交往活动密切相关的各种质量。尽管这些质量是非常微妙,甚至是难以捉摸的,但它们的确十分重要。因此,户外空间的生活是一种必须精心处理的建筑学要素。

30年过去了,许多建筑流派和思潮已成过眼云烟。然而在此期间,对城市和居住区的活力和人居性的研究一直是一个重要的课题。时至今日,优良公共空间的使用频度以及公众对城市和自己的公共空间的质量的日益关注都证明了这一点。户外生活的特点随着社会条件的改变而变化,但是,当我们研究户外生活时,所用的基本原则和质量标准却没有根本的改变。

《交往与空间》英文版第四版由丹麦建筑出版社在丹麦出版,先前的英文版由美国 Van Norstrand Reinhold 出版社于1987年起在纽约出版。

尽管这些年来本书已经多次补充和修订,新版和最先的版本已有很大的不同,但仍没有理由去改变基本的观点:善待您的户外生活!

扬·盖尔
2001年1月于哥本哈根

中文版第一版前言

已有的建筑传统和世代因袭的城建方式具有许多重要而美好的质量,在我们的社会不断工业化的发展进程中,这些质量总是有被冷落和埋没的危险。

本书的目的是让人们更多地关注这些重要的传统质量中的一个方面,即人造环境是如何支持——或者扼杀——公共空间中各种类型的生活的。

本书的第一版1971年在丹麦出版。由于本书所讨论的环境质量和存在的问题是世界性的,本书在过去20年间已在许多国家出版。在这些国家中,人们正在付出艰苦的努力,以确保新的建筑和新的城区富于生机和魅力,更好地服务于那些使用它们的人。

中文版的出版使本书现在能为中国人民所了解,对此我深感荣幸。我要衷心地感谢本书的中文译者何人可先生,在他赴哥本哈根建筑学院进修期间,我曾与他有过愉快的合作。

愿本书的所有读者在改善和发展已有及新建城区的人文质量的工作中取得最大的成功。

扬·盖尔
1991年1月1日于丹麦哥本哈根

英文版第一版前言

本书的书名表明了一个广泛的研究课题——城市中五光十色的人类活动。这是人们一直在不倦地进行探索的一个领域。

随着社会的发展变化和新知识、新思想的积累，就会产生新的观念。

《交往与空间》的第一版1971年在丹麦出版，以后各版先后在丹麦及欧洲其他国家印行。它们都发展和深化了这样一个全方位的主题：即我们的城市、建筑及规划是如何影响户外生活乃至人们生活的各个方面的。

本书不是一本关于重大事件、庆典、街头市场、狂欢节和街区聚会一类"特殊场合"的专著，也不是专门研究主要的街道和繁忙的市中心，而是专注于日常生活和我们身边的各种室外空间，主要论述日常社会生活及其对人造环境的特殊要求。正是在这种寻常的状态下，我们的城市和社区必须很好地完成自己的使命并令人愉快、舒畅。如果能达到这一点，其本身就构成了一种极有价值的质量。另外，这也将成为其他形形色色户外交往发展的开端与起点。

通过重新修订的英译本，更多的读者将了解本书在建筑学、城市设计和城市规划方面的独到见解。

何不带上本书到你最喜欢的公共空间去读上几页呢？——在那里你将参与和领略到令人陶醉、变幻无穷的人世纷华！

扬·盖尔
1986年12月于哥本哈根

第一章

建筑室外空间的生活

户外活动的三种类型

街头景象

寻常街道上的平凡日子里，游人在人行道上倘徉；孩子们在门前嬉戏；石凳上和台阶上有人小憩；迎面相遇的路人在打招呼；邮递员在匆匆地递送邮件；两位技师在修理汽车；三五成群的人在聊天。这种户外活动的综合景象受到许多条件的影响，物质环境就是其中的一个因素，它在不同程度上，以不同方式影响着这些活动。户外活动以及影响它们的种种物质条件，就是本书的主题。

户外活动的三种类型

经大大简化，公共空间中的户外活动可以划分为三种类型：必要性活动、自发性活动和社会性活动。每一种活动类型对于物质环境的要求都大不相同。

必要性活动——各种条件下都会发生

必要性活动包括了那些多少有点不由自主的活动，如上学、上班、购物、等人、候车、出差、递送邮件等。换句话说，就是那些人们在不同程度上都要参与的所有活动。一般地说，日常工作和生活事务属于这一类型。在各种活动之中，这一类型的活动大多与步行有关。

因为这些活动是必要的，它们的发生很少受到物质构成的影响，一年四季在各种条件下都可能进行，相对来说与外部环境关系不大，参与者没有选择的余地。

自发性活动——只有在适宜的户外条件下才会发生

自发性活动是另一类全然不同的活动，只有在人们有参与的意愿，并且在时间、地点可能的情况下才会产生。这一类型的活动包括了散步、呼吸新鲜空气、驻足观望有趣的事情以及坐下来晒太阳等。

三种类型的户外活动

必要性活动

自发性活动

社会性活动

这些活动只有在外部条件适宜、天气和场所具有吸引力时才会发生。对于物质规划而言，这种关系是非常重要的，因为大部分宜于户外的娱乐消遣活动恰恰属于这一范畴,这些活动特别有赖于外部的物质条件。

户外活动与户外空间的质量

当户外空间的质量不理想时,就只能发生必要性活动。

当户外空间具有高质量时,尽管必要性活动的发生频率基本不变,但由于物质条件更好,它们显然有延长时间的趋向。然而在另一方面,由于场地和环境布局宜于人们驻足、小憩、饮食、玩耍等,大量的各种自发性活动会随之发生。

在质量低劣的街道和城市空间,只有零星的极少数活动发生,人们匆匆赶路回家。

在良好的环境中,情况就决然不同,丰富多彩的人间活剧都在此上演。

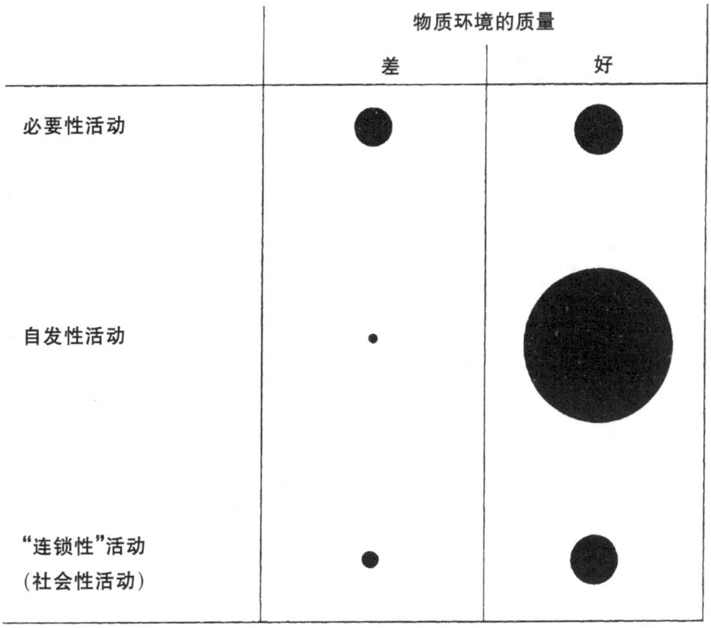

图为户外空间质量与户外活动发生的相关模式

当户外环境质量好时,自发性活动的频率增加。与此同时,随着自发性活动水平的提高,社会性活动的频率也会稳定增长

	物质环境的质量	
	差	好
必要性活动	●	●
自发性活动	·	⬤
"连锁性"活动（社会性活动）	·	●

社会性活动

社会性活动指的是在公共空间中有赖于他人参与的各种活动,包括儿童游戏、互相打招呼、交谈、各类公共活动以及最广泛的社会活动——被动式接触,即仅以视听来感受他人。

五花八门的社会活动产生于各种各样的场合:住所;私有户外空间、庭园和阳台;公共建筑;工作场所等等。但这里所要考察的,是发生于向公众开放的空间中的社会性活动。

这些活动可以称之为"连锁性"活动,因为在绝大多数情况下,它们都是由另外两类活动发展而来的。这种连锁反应的产生,是由于人们处于同一空间,或相互照面、交臂而过,或者仅仅是过眼一瞥。

人们在同一空间中徜徉、流连,就会自然引发各种社会性活动。这就意味着只要改善公共空间中必要性活动和自发性活动的条件,就会间接地促成社会性活动。

由于社会性活动发生的场合不同,其特点也不一样。在住宅区的街道、学校附近、工作单位周围一类的区域,总有一些人有共同的爱好或经历,因此公共空间中的社会性活动是相当

悉尼帕丁顿街景

人们在户外逗留的时间越长，他们邂逅的频率就越高，交谈也越多

图为户外活动的数量与交往频率之间的关系（墨尔本街头生活研究[20]，亦可参见本书第 191 页）（方括号内数字为书后所列参考文献序号，下同）

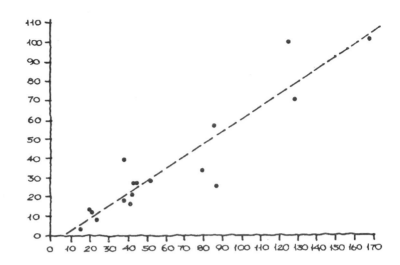

综合性的：如打招呼、交谈、聊天乃至出于共同爱好的娱乐等。由于人们彼此"相识"，没有特殊原因，他们都会经常见面。

在市区街道和市中心，社会性活动一般来说是浅层次的，大多是被动式的接触——即作为旁观者来领略素不相识的芸芸众生。然而，即使这种有限的活动也是极有吸引力的。

比方说，只要有两个人在同一空间内，就会发生社会性活动。相互照面并体验到对方的音容本身就是一种接触形式，一种社会性活动。而且这种不期而遇还会进一步促成别的，更加综合性的社会活动出现。

这种连锁反应对于物质规划是很重要的。尽管物质环境的构成对于社会交往的质量、内容和强度没有直接影响，但建筑师和规划人员能影响人们相遇以及观察和倾听他人的机遇。这些机遇既有其自身的质量，也由于它们构成了其他形式交往的背景和起点而具有重要意义。

基于上述缘由，本书将对人们相遇的可能性以及耳闻目睹众生相的机遇进行研讨。由于他人的光临、多彩的活动和事件以及灵感与激情共同构成了公共空间最重要的质量之一，还需要对上述活动进行综合评价。

**建筑室外空间的生活——
定义**

如果我们回过头再考察一下街头景象，以此作为确定三类户外活动的基点，我们就会发现，必要性的、自发性的和社会性的活动是如何以一种交织融会的模式发生的。在人们徜徉、小憩和交谈中，功能性的、消遣性的和社会性的活动以形形色色的组合方式融为一体了。因此，考察户外活动，不应从单个的、有限的活动范畴着手。人们的户外生活不仅仅是步行交通、娱乐性的或社会性的活动，而是包括整个系列的活动。它们的共同作用使得城市和居住区的公共空间变得富于生气与魅力。

近年来，已对必要的、功能性的活动和自发性、娱乐性的活动从不同角度进行了深入研究，而社会性活动和它们之间相互作用所形成的社会网络却较少受到关注。

有鉴于此，接下来将更详细地考察公共空间中的社会活动。

一种轻度的，但又是明确的交往

建筑室外空间的生活

<table>
<tr><td>建 筑 室 外 空 间 的 生 活
——交往的必要性</td><td>　要想非常精辟地阐明户外生活与人们的交往需求 [14] 之间的关系并非易事。</td></tr>
</table>

建 筑 室 外 空 间 的 生 活
——交往的必要性

　要想非常精辟地阐明户外生活与人们的交往需求 [14] 之间的关系并非易事。

　城市公共空间或住宅区中见面的机会和日常活动，为居民间的相互交流创造了条件，使人能置身于众生之中，耳闻目睹人间万象，体验到他人在各种场合下的表现。

　这类轻度的"视听接触"与其他形式的接触相互关联，它们是从最简单的、无拘束的接触到复杂的、积极参与的交往这一整个社会性活动系列的组成部分。

　根据下列经过简化的各种接触形式，可以归纳出不同程度的接触强度：

高强度　↑　亲密的朋友
　　　　　　朋友
　　　　　　熟人
　　　　　　偶然的接触
低强度　　　被动式接触（"视听"接触）

　依据上述归纳，户外生活主要是位于强度序列表下部的低强度接触。与别的接触形式比较，这些接触似乎微不足道，但其重要性不可低估，它们既是单独的一类接触形式，也是其他更为复杂的交往的前提。

　仅仅通过观察体验他人的言谈举止，就可能为下列活动提供机遇：

　　——轻度的接触

可能导致高水平接触的开端

——进一步建立其他程度的接触

——保持业已建立起来的接触

——了解外界的各种信息

——获得启发、受到激励

一种接触形式

公共空间中缺乏各种低强度接触形式的情形，从反面证明了它们的重要性。

如果没有户外活动，最低程度的接触就不会出现。介于个人活动与群体活动之间的各种形式也会销声匿迹。孤独与交际之间的界限变得更加明确。人们要么老死不相往来，要么只是在不得已时才有所接触。

户外活动为人们以一种轻松自然的方式相互交流创造了机会。户外活动是丰富多彩的，如随意的散步、在归家途中逛逛大街，或者在门前宜人的长椅上与人同坐；也可以像许多大城市中的退休老人那样每天乘上一大段路的公共汽车等等。虽然每周购物一次或许更为实际，但每天购物也未尝不可。甚至不时朝窗外瞧上一眼，如果有幸看到点什么，也算是如愿以偿。置身于人群之中，耳闻目睹众人的万端仪态，获得新鲜的感受与激情，比起孑然一身，确实是一种积极有益的体验。我们大可不必只和某一特定的人打交道，而是要投入到周围人群之中。

与通过电视、录像或电影完全被动地观察人们的活动相

一种保持业已建立起来的接触的机会

反，在公共空间中的每一个人自己都身临其境地以一种适当的方式参与其中,这种参与感是非常明确的。

一种深化交往的可能方式

低强度的接触也是进一步发展其他交往形式的起点,这种发展不是事先计划好的,而是自然发生的,难以预测的。

通过考察孩子们的游戏活动的起缘,就可以说明这种可能性。

儿童游戏是可以预先安排的,例如生日晚会上的活动和学校中有组织的集体游戏等。但是,大多数的游戏并不是有组织的。当孩子们聚在一块,或当他们看到别的小孩在玩耍,或他们安不下心来想要出去活动一下时,游戏就可能发生,但这并不是预先确定的。首要的先决条件是相聚在同一空间。

在公共场合下自然发生的接触,一般都是很短暂的——三言两语的对话,与邻座的简短交谈、在公共汽车上与小朋友拉家常、观看别人工作以及向人问讯等。以这类简单的层次为起点,接触就可以随参与者的意愿发展到别的层次。而相聚在同一空间是这些接触的必要前提。

一种保持业已建立起来的接触的机会

在日常往来中与邻居和同事打交道的可能性是很有价值的,它可以使人们有机会在一种轻松自然的气氛中建立并保持友谊。

在一定条件下,社会活动也能自发地产生。当气氛合适时,一则简短的告示就能组织起参观和聚会一类的活动。同样,如果人们常常相互从别人的门前经过,特别是经常在街上见面或由于日常活动而在住宅和工作单位频频相遇,那顺路探访、"串门子"乃至筹划一些共同感兴趣的活动,也就是顺理成章的事情了。

日常生活中经常性的见面促进了邻里间的交往。这一点已为许多调查所证实。由于经常见面,保持友谊与交往就比通过电话和邀请来进行要简单、自然得多。如果见面需要事先安排,会徒增许多麻烦,也就难于保持交往。

"远亲不如近邻",几乎所有的孩子和大多数其他年龄组的人都与生活或工作在自己周围的朋友、熟人保持更频繁的交往,这是相互联系最简单的方法。

有关社会环境的信息　　　　在城市或居住区内有机会观察和倾听他人，也意味着获得有价值的信息，包括周围社会环境的一般信息和与自己工作和生活有关的人的特殊信息。

就儿童社会知识的发展而言，这一点尤为重要，因为它主要是建立在观察周围社会环境的基础之上的。就是我们大家也需要及时了解周围世界，以适应社会环境的要求。

尽管大众传播媒介可以使我们了解更重要、更敏感的世界大事，然而通过与人交往，我们获得了更平凡、但同样重要的细节。我们知道了别人的工作情况、言行举止乃至服饰，了解了与我们工作、生活在一起的人。有了这些信息，我们就与周围世界建立起了一种密切的关系，我们在街上经常遇到的人就成了我们的"熟人"。

受到启发　　　　除了获得外部世界的信息外，通过观察、倾听别人也能获得灵感，启发人生。

观察人们的各种活动，能给人以启示。例如，一些孩子看到别的孩子在玩耍，就会情不自禁地想要加入进去；通过观看别的孩子或成人的活动，他们会创造出一些新的游戏。

独特的激情感受　　　　伴随着工业化的进程和各种城市功能的划分，不少富于生气的城市和居住区变得死气沉沉。对于汽车的依赖也使城市变得越来越单调乏味。这就导致了另一种重要的需求——对激情的需求[14]。

感受人生为这种激情提供了多彩而富有吸引力的机遇。与对于高楼大厦的体验相比较，对于活生生的人的体验更加精彩纷呈。人群的往来变化万千，新鲜的景象、新鲜的刺激层出不穷，更加突出了生活中最重要的主题：人。

因此，正是人们的相互交往和丰富的激情感受构成了富于生气的城市生活，而单调枯燥的体验则使城市死气沉沉。即使建筑物的色彩再多，体形变化再丰富，也无济于事。

如果能通过对城市及住宅区进行明智的规划设计，为户外生活创造适宜的条件，就不必为了使建筑物更加"迷人"和丰富而去刻意追求那些耗资巨大而又生硬、牵强的戏剧性建筑效果。

从长远的眼光来看，户外生活要比任何形形色色扭捏作态的建筑形式组合更加切合实际，也更引人入胜。

毫无疑问，户外生活比任何建筑构思的组合都更加丰富，更激动人心，也更有价值

上图：巴黎新住宅综合体

下图：日常生活景象

对面页图：儿童、工人与当代建筑〔巴黎郊区住宅，1981 年建，建筑师：里卡多·博菲尔 (Ricardo Bofill)〕

活动是引人入胜的因素

通过对在公共场合中人们对于他人活动的反应所作的一系列观察分析 [15, 18, 24, 51] 充分证明，处于同一空间，观察和倾听他人的机会能产生许多大大小小的可能性，它们都是很有价值的。

只要有人存在，无论是在建筑物内，在居住小区，在城市中心，还是在娱乐场所，人及其活动总是吸引着另一些人。人们为另一些人所吸引，就会聚集在他们周围，寻找最靠近的位置。新的活动便在进行中的事件附近萌发了。

在家中，我们可以观察到，孩子们宁愿待在大人们的房间中，或者与别的孩子在一起，而不愿留在只有玩具的地方。在居住区和城市空间中也可以观察到成人中类似的行为。如果在散步时有两条街道可供选择，一条空寂荒凉，而另一条充满活力，那么，在许多情况下，大多数人都会选择后者。如果要在

小坐于私密性的后花园还是小坐于临街的半私密性前院之间做出选择，人们常常会选择住宅前面，那里有更多的东西可看（参见本书第 40 页）。

在斯堪的纳维亚，有一句古老的谚语非常精辟："人往人处走"。

活动与游戏的习惯

一系列的调查更加详细地表明了人们对于与人交往的兴趣。住宅区儿童游戏习惯的调查 [28, 39] 表明，儿童主要是在活动集中的场所，或者最有可能发生趣事的地方逗留和玩耍。

无论在独户住宅区还是在公寓式住宅的周围，孩子们都倾向于更多地在街道、停车场和居区出入口处玩耍，而较少光顾那些位于独户住宅后院及多层住宅向阳一侧专为儿童设计的游戏场，因为那里既没有交通，也看不到人。

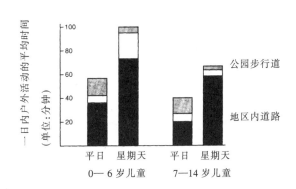

一日内户外活动的平均时间（单位：分钟）

公园步行道

地区内道路

平日　星期天　　　平日　星期天

0—6 岁儿童　　　7—14 岁儿童

尽管有完善的公园和步行道路系统，不同年龄儿童的大部分户外活动时间仍用在地区道路上或道路两侧（丹麦独户住宅区儿童游戏习惯调查[29]）

上图:活动与座位选择
下图:世界各地路边咖啡吧的椅子
都朝向街头生活(荷兰鹿特丹市)

活动与座位选择

当人们在公共空间选择座位时，也可以发现类似的倾向。能很好观赏周围活动的座椅就比难于看到别人的座椅使用频率要高。

建筑师约翰·赖勒 (John Lyle) 对哥本哈根铁凤里游乐场的调查 [36] 表明，沿着游乐场主要道路布置的座椅使用得最多，那里可以观看到各游艺区的活动；而位于游乐场僻静之处的座椅则很少有人问津。在各种各样的场合，座椅大多是背靠背安放的，其中一把椅子面向道路，而另一把则"以背相向"，在这种情况下，总是面向道路的椅子受到青睐。

在哥本哈根市中心区许多广场所做的调查得到了一些非常类似的结果：能看到最繁忙人行道的座椅使用得最多；而广场中面向绿化的座椅则使用较少[15,18,27]。

路边咖啡吧也是这样，座位前人行道上的景象是吸引人们坐下来小憩的主要因素。世界各地的咖啡椅几乎毫无例外地朝向附近最活跃的区域，面向人行道设置咖啡吧是很自然的。

当座椅不朝向活动时，它们要么无人问津，要么被人们以一种反常的方式所使用

REG: M 1.
DAG: M. 23.7.68, KL. 12°°
VEJR: SMUKT, 20°C.
STÅENDE: 429 PERS.
SIDDENDE: 324 PERS.
IALT: 753 PERS.

步行街的诱人之处

有机会耳闻目睹众生相；结识各种各样的人，是市中心区和步行街上最吸引人的特点。丹麦皇家艺术学院建筑学院的一个研究小组，在哥本哈根主要步行街斯特鲁根所做的一项吸引力研究[15,18]证明了这一点。该小组对行人在步行街上驻足的地点和他们观赏的对象进行了调查，并根据调查结果进行了研究。

调查表明，在银行、办公楼、展销厅以及点钞机、办公家具、陶瓷或卷发器一类乏味产品的橱窗前停留的人最少，而在报亭、摄影展览、电影院前的宣传栏、服装店、玩具店等与人及其周围环境直接有关的商店及展廊前则有大量的人驻足观赏。

调查还表明，人们对街道本身形形色色的人的活动有更大的兴趣。因此，各种形式的人的活动应该是最重要的兴趣中心。

下图：无人在银行和堂皇的展厅前驻足。

相当一部分人停下来观赏儿童玩具、照片及其他与生活和他人有更直接关系的东西。

而大多数人会停下来观看别人及其活动

人们不但对街道上平凡的日常景象，如玩耍的儿童、从照相馆走出的新婚夫妇，甚至赶路的过客饶有兴趣，也对一些不太常见的事情，如艺术家写生、街头音乐家的吉他演奏、马路画家的涂抹以及其他大大小小的活动充满好奇。

显然，人的活动以及有机会亲身体验人间万象是这一地区最诱人之处。

马路画家在地面上作画的过程中，总是吸引了众多的围观者，一旦画家离开这一地区，人们便会毫不迟疑地从画上踏过。音乐也是如此，从唱片商店门前的音箱中飘出的音乐毫不引起人们的共鸣，而手舞足蹈的音乐家开始演奏或演唱则会立即引起浓厚的兴致。

对这一地区一家百货商店建扩过程的观察，也显示了对于人及其活动的兴趣。在进行开挖和营建基础工程时，可以通过面向步行街的两道门看到建筑工地。在此期间，驻足观望工程进展的人，比该店店面上 15 个展示橱窗的观众还要多。

在这个实例中，同样是工人和他们的工作，而不是建筑工地本身吸引了人们的注意力。这一点可以得到进一步的反证，因为在午休时间和下班之后，没有工人在工地上，实际上就没人驻足观望了。

户外空间的生活——城市中最吸引人的因素

调查和分析表明，人及其活动是最能引起人们关注和感兴趣的因素。甚至仅以视听方式感受或接近他人这类轻度的接触形式，也显然要比大多数城市空间和住宅区的其他吸引人的因素更有价值，人们对它们的要求也更为迫切。无论在任何情况下，建筑室内外的生活都比空间和建筑本身更根本，更有意义。

户外活动与户外空间的质量

室外空间的生活——一种规划决策

　　这里之所以要讨论建筑室外空间的生活，是因为户外活动的内容和特点受到物质规划很大的影响。通过材料、色彩的选择可以在城市中创造出五光十色的情调；同样，通过规划决策可以影响活动的类型。既可以通过改善户外活动的条件创造出富有活力的城市，也可能破坏户外活动的环境，使城市变得毫无生气。

　　通过下面两个极端的例子，就可以说明上述可能性。一个极端是由高楼大厦、地下停车场和繁忙的机动交通构成的城镇，各建筑物和功能区之间相距很远。这种类型的城镇在北美和"现代化的"欧洲城市和许多郊区随处可见。

　　在这种市镇中，只见房屋和汽车而很少见人，因为步行交通很困难而且建筑物附近公共空间供户外逗留的条件很差。室外空间大而无当，失去了人的尺度。由于市区规划的间距很大，户外经历索然无味。即使有少量的活动，在空间上和时间上也被分隔开了。在这样的条件下，居民们宁愿呆在家中看电视，或者待在自家的阳台及其他较为私密性的户外空间中。

　　另一个极端是建筑层数较低，密度较大，适于步行交通的城镇，城中沿街处以及住宅、公共建筑和工作单位周围都有供户外逗留的良好场所。在这里可以见到建筑物、往来的人流以及在房屋附近的户外场所流连的人群。因为户外空间舒适宜人，使人乐而忘返。这是一种充满活力与生气的城镇，建筑物的室内空间与宜人的室外环境相辅相成，公共空间能很好地发挥作用。

城市街道质量的改善

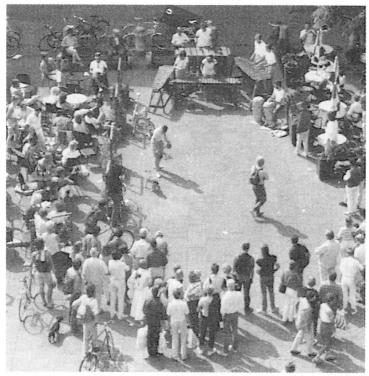

哥本哈根市区的每一项质量改善都促成了公共空间使用率的上升,这种改善已为范围广泛的人文活动创造了条件。城市的人口没有增加,而积极主动地使用公共空间的兴趣却大大增加了。

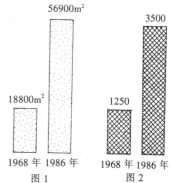

户外活动与质量改善

前已述及，自发性、娱乐性的户外活动以及大部分的社会性活动都特别依赖于户外空间的质量。

当条件不佳时，这些有特殊魅力的活动就会消失，而在条件适宜的环境中，它们就会健康发展。

对在旧城区设立的步行街或无机动车区进行的观察表明，质量改善对于日常社会性活动有非常重要的意义。在不少实例中，物质条件的改善导致了步行者数量成倍增加；户外逗留的时间相应延长；户外活动的内容也更加丰富[17]。

对 1986 年春夏两季哥本哈根市中心的所有活动进行的统计表明，从 1968 年到 1986 年，市中心步行街和广场的数量增加了两倍，与这种物质环境的改善相呼应，驻足和小憩的人数也增加了两倍。

比较一下为城市活动提供不同条件的相邻城镇，就可以发现巨大的差别。

对面页图：

图 1：1968—1986 年间哥本哈根市步行街和广场的总面积增加了两倍

图 2：同一时期驻足和小坐的人数也增加了两倍（夏季星期二的平均数）

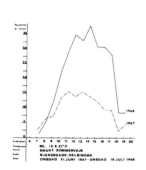

一条街道辟为步行街前后步行交通的比较〔丹麦埃尔西诺市(Elsinore)博雅大街[17]〕

环境质量改善前(左图)和改善后
(右图)的纽约办公楼入口处(纽
约公共空间计划,1976年[42])

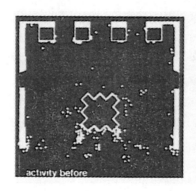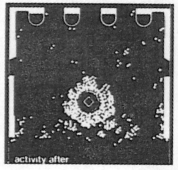

在意大利,一些城镇设有步行街和无机动车广场,这些城镇中的城市生活常常要比以汽车交通为主的邻近城市突出得多,尽管两者的气候条件是一样的。

1978年,澳大利亚墨尔本大学和墨尔本皇家技术学院的建筑学专业学生,对悉尼、墨尔本和阿德莱德市的机动和步行街道上的街头活动进行了调查,结果发现街道质量与街头活动之间有直接关系。此外,在墨尔本步行街上增设100%座椅的环境改善试验导致了小憩活动增加88%。

威廉姆·H·怀特(William H. Whyte)在他的著作《小型城市空间的社会生活》[51]中,描述了城市空间质量与城市活动之间的密切关系。事实证明,物质环境的一些小小改观,往往能显著地改善城市空间的使用状况。

在公共空间计划[41]的指导下,纽约和美国其他城市开展了一系列的环境改善工作,取得了很好的效果。

在欧美各国的住宅区,减少过境交通量计划、整洁庭园、公园规划设计以及类似的户外环境改善项目都取得了明显成效。

户外活动与质量恶化

另一方面,阿普尔亚德(Appleyard)和林特尔(Lintell)1970—1971年间对旧金山市三条相邻街道的研究[24],揭示了环境质量恶化对普通住宅街区的影响。

研究表明,在三条先前车流量都不大的街道中,有两条由于交通量增加而产生了戏剧般的效果。

在一条只有少量车流(2000辆/天)的街道上,户外活动的数目极大,孩子们在街头路边玩耍游戏,建筑物入口处和台阶被广泛用作户外活动场地,邻里间的交往非常密切。

在交通量猛增(16000辆/天)的另一条街,户外活动实际上已不复存在。同样,这条街上邻里间的交往也难以为继。

第三条街的交通强度为中偏高的水平(8000辆/天),户外活动和邻里交往大大减少。这清楚地表明,即使户外环境质量稍有下降,也会对户外活动的发展产生极大的负作用。

数量、时间和活动类型

综上所述,户外空间的质量与户外活动有着密切的关系。

在一定程度上,通过物质环境的设计,至少可以在三个方

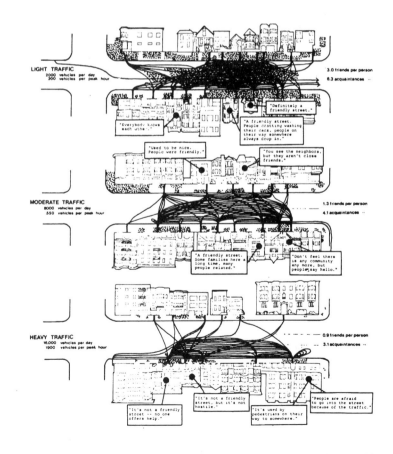

美国旧金山市三条平行街道上户外活动发生的频率
(黑点)和朋友、熟人之间交往(线条)的记录
上图:少量交通的街道
中图:中量交通的街道
下图:大量交通的街道。户外活动近乎消失,邻里中朋友和熟人之间的交往也很少
(摘自阿普尔亚德和林特尔著《城市街道的环境质量》[4])

激发潜在的可能性

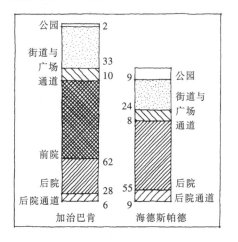

哥本哈根南郊相邻的两处住宅区。
两区均建于1973—1975年,居民结
构也很类似。与海德斯帕德区
(Hyldespjaeldet, H区)相比,加治巴
肯区(Galgebakken, G区)的户外空
间设计和细部处理要好得多。在G
区,所有的住宅都有一个私密性的
后院和一个半私密性的前院,而H
区只有后院。1980—1981年的夏天
在星期六对两区发生的所有户外活
动进行的研究表明,G区的户外活
动频率要高出35%。G区的前院是
导致这种重大差别的决定因素

右上图:两区的平面 1:12500
右中图:G区带前院的通道
右下图:H区的通道

40

面影响城市空间及住宅区的活动模式，即在地理、气候、社会等特定条件下，可以影响使用公共空间的人和活动的数量、每一活动持续的时间以及产生活动的类型。

激发潜在的可能性

户外活动的显著增加常常是与环境质量的改善联系在一起的。这一事实表明，某一地区一时出现的状况通常反映出对于公共空间及户外活动的潜在需求。通过为社会性和娱乐性的活动创造合适的物质条件，就会逐步把先前被忽视而受限制的人类需求激发出来。

1962年，哥本哈根的主要街道被辟为步行街，这在北欧地区还是新鲜事。当时许多批评家预言，这条街将会被遗弃，因为"城市生活并不是北欧的传统"。今天，这条主要的步行街，加上后来被纳入这一系统的许多别的步行街总是熙熙攘攘，成了人们散步、小憩、演奏音乐、绘画、交谈的好去处。这证明，最初的担心是多余的。先前哥本哈根的城市生活有限，是由于没有为其创造物质条件。

许多新建的丹麦住宅区建立起了高质量的公共空间，为户外活动打下了物质基础，结果一些先前人们认为在丹麦住宅区不可能产生的活动类型也发展起来了。

正如汽车交通随着新路的建设而发展一样，随着物质条件的改善，户外活动在数量、时间和范围上都会增加。有关城市及住宅区人们活动的经验都证明了这一点。

在欧洲各地的城市中，中世纪的城市空间以其空间质量上的优点和丰富的尺度而特别宜于城市的户外活动。后来的城市空间在这方面就大为逊色，一般都太大、太宽和太直

左图：德国南部一座保存完好的中世纪城市——陶伯河上游罗滕堡（Rothenburg ob der Tauber）

意大利南部阿普利亚的马丁纳弗兰卡城（Martina Franca, Apulia）。自然形成的和经规划的市区之间泾渭分明。在新的、经专业人员规划的市区中找不到中世纪城市特有的亲切宜人的尺度感

户外活动与建筑取向

室外空间生活与城市规划思想

在先前的章节中已经总结了户外生活的许多积极作用,并阐述了物质环境对户外生活的范围和特点的巨大影响。我们很自然要去考察一下在不同历史阶段城市规划的原则和建筑取向是如何影响户外活动,特别是社会性户外活动的。

在欧洲,数千年来各个时期都有一些至今保存完好的城市。自由形成和经过规划的中世纪城市很多,文艺复兴和巴洛克式的城市、工业革命早期的城市、受浪漫主义启发的花园城市以及过去50年来以机动交通为主的功能主义城市更是五花八门,应有尽有。由于这些城市迄今仍在运转,因此今天有可能在相对一致的基础上来比较和评价它们。

不同城市模式之间在形式上的变化很多,从艺术史的观点来看更是如此。但实际上只有两种典型的发展模式和城市规划思想与户外活动这一论题有关:一种源于文艺复兴,另一种源于现代功能主义运动。

中世纪——物质与社会方面

众所周知,专业性的规划最早出现于文艺复兴,专家们以图纸和模型设计城市,建设完成后交付给委托人。在更早一些的时期也确实有规划与规划师,许多希腊、罗马的城市就是例证。但是,除了少数中世纪晚期的殖民城市外,从公元500年到公元1500年间形成的城市都没有被真正规划过。它们是在需要城市的地方开始发展,由市民们自己直接建设而形成的。

值得注意的是,这些城市虽然不是按规划建设的,但它们的发展经过了数百年的历史进程。由于发展缓慢,可以不断调

意大利锡耶纳市坎波广场

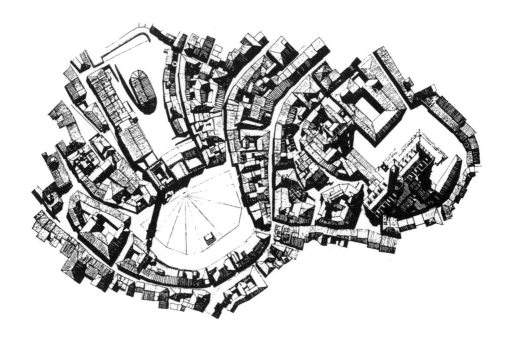

上图：意大利锡耶纳（Siena）市中心，总平面 1:4000
下图：锡耶纳的坎波广场（Piazza del Campo）

节并使物质环境适应于城市的功能。城市本身并不是目标,而是由于使用而形成的一种工具。

这种城市发展的过程吸取了许多有益的经验,城市空间至今仍能为户外生活提供极好的条件。

许多中世纪城市和自然形成的城市现在正受到人们的重视,成为旅游热点、科学研究的对象以及理想的居家城市,因为它们确实具有这种素质。

得益于长期的演进过程,这些城市和城市空间具有后来的城市中非常罕见的内在质量,几乎所有中世纪的城镇都是如此。不仅街道和广场的布局考虑到了活动的人流和户外生活,而且城市的建设者们似乎具有非凡的洞察力,有意识地为这种布置创造了条件。

文艺复兴——视觉形式方面

中世纪以来,城市规划的基础有两次重大的变化。

第一次重大变化发生在文艺复兴时期,由自然发展的城市转向了有规划的城市。一些专业化的职业规划师负责城建工作,并且形成了有关城市规划的理论与方法。

这种城市不再只是一种工具,而是在更大程度上成了一件艺术作品,把城市作为一个整体来构思、感受和实施。建筑物之间、各功能之间的区域不再是兴趣的焦点,而空间效果和建筑本身受到更大的关注,并由艺术家们来决定它们的形式。

在这一阶段,城市和建筑物的外观,也就是视觉方面的因素得到发展,并演绎成了评价好的建筑与城市设计的准则。与此同时,也对某些功能方面的问题,特别是对有关防御、交通以及队列行进之类程式化的社会功能等问题进行了研究。但是,在规划基本理论方面最重要的发展是强调城市和建筑物的视觉表现。

威尼斯以北的帕尔马诺瓦(Palmanova)城是一座星形的文艺复兴式城镇,1593 年为索卡莫齐(Socamozzi)所建。该城所有的街道,不管其使用目的和在规划中的位置如何,宽度都是 14m。与中世纪城市不同的是,这些尺度主要不是由使用决定的,而是在很大程度上取决于形式上的考虑。城镇的广场也是如此,该城的大广场由于采用了几何构图,面积达 $30000m^2$,比锡耶纳城中的坎波广场大一倍以上,因此,它作为一个小镇的

左图：意大利帕尔马诺瓦城(1593年)鸟瞰

下图：瑞典罗特宁霍尔姆(Drottning holm)的18世纪皇家花园和丹麦公共住宅开发区的中轴线(1965年)

市政广场就显得大而无当了。另一方面,与许多文艺复兴式的规划一样,该城的规划也是在绘图板上创作出的一件有趣的图案设计作品。

这一时期对于城市规划的视觉形式方面的追求,以及由此而形成的美学对后来几个世纪的城市规划与建筑设计产生了决定性的影响。

功能主义——生理及功能方面

规划理论的第二个重要发展是受功能主义的影响,在1930年左右形成的。在这一阶段,城市和建筑物的物质功能方面作为一种独立的规划要素和对美学的补充而受到重视。

功能主义的理论主要基于从19世纪到20世纪初期发展起来的医学知识。根据这些新的、广泛的医学知识,大约在1930年形成了一系列从健康和生理学角度来评价建筑的准则,例如住宅应有照明、空气、阳光和通风,居民应接近开阔的空间等。这一阶段的规划要求建筑物向阳布置,而不是像先前那样沿街布置;并将住宅区与工作区分开,以保证居民健康的生活条件和更合理地分配物质利益。

如果要求所有的住宅都具有一样高的卫生标准,都必须直接向阳布置,那么新的住宅区就会产生全新的特点。也就是说联排式的公寓楼都要根据阳光的方向采用开放性行列式建筑布局,要么东西向布置,要么南北向布置。这种形式的布局有利于通风并使住房有一个很好的向阳面[2]。

消失了的街道

功能主义者忽视了建筑与公共空间设计中的心理及社会方面的因素,对公共空间本身也不感兴趣。功能主义没有考虑到建筑设计对游戏活动、交往类型及聚会的可能性等诸多方面潜在的影响,完全是一种着眼于功利和物质的规划思想。这种思想最明显的结果之一,就是街道和广场从新城和新区中消失了。

在整个人类定居生活的历史进程中,街道和广场都是城市的中心和聚会的场所,而随着功能主义的到来,街道和广场被认为是多余的,代之以公路、行人道和无际的草地。

功能主义——生理及功能方面

上图：柯布西耶宣扬功能主义的插图清楚地反映了对于太阳、光线和开敞空间的偏爱以及城市空间的消亡（《关于城市规划》[36]）

中图：加拿大多伦多市的公寓

下图：德国柏林的公共住宅

"晚期现代主义"的规划思想

概略地说,文艺复兴时期形成的美学在后来的几个世纪中得到了进一步发展,功能主义者关于规划的生理学方面的教条也对从 1930 年一直到 1980 年代兴建的城市和住宅区产生了巨大影响。曾几何时,功能主义的观念被广为传播并被奉为金科玉律,在工业化国家大规模进行建设的几十年中,它们成了建筑师和规划师工作的重要指南。

重视物质方面的规划对社会生活的影响

在 20 世纪 30 年代,没有人能想像当建筑师的美学和功能主义的卫生建筑成为现实时,新城市中的生活情形会如何。

与原有昏暗、拥挤和不卫生的工人住宅相比较,这种新型的多层住宅有许多显而易见的优点,很容易受到欢迎。

在功能主义的宣言中,传统城市中的"浪漫情调"极受欢迎。

然而,由于没有认识到建筑物也会影响到户外活动,并最终影响到诸多社会生活方面的可能性,社会环境的重要性被忽略了。没有人希望贬低或排斥社会活动的价值,相反,建筑物之间宽阔的草地被认为是许多娱乐活动的最佳处所,能够丰富居民的社会生活。透视表现图上也充满生机勃勃的各种活动。这种把绿化空间作为建筑群结合部的设想究竟正确与否,并没有人提出疑义并进行调查。

直到 20—30 年后,大型的功能主义多层住宅新城在 20 世纪 50 年代、60 年代建设起来,才有可能对这种片面追求物质功能的规划思想进行评价。

只要考察一下功能主义建设项目中一小部分最一般性的规划原则,就可以发现这种类型的规划对于户外生活的影响。

功能主义规划与建筑室外空间的生活

住宅的分散和稀疏布置保证了日照与空气,但也造成了人及其活动过于稀疏。住宅、公共建筑、工厂等不同的功能划分,或许减少了生理卫生方面的缺陷,但也减少了更加密切交往的潜在优势。

人、活动、功能之间相距甚远是新城区的特征,以汽车为主的交通系统使户外活动更加减少。此外,建筑群中机械而冷漠的空间设计也对户外活动产生了极大的影响。

戈登·库伦 (Gordon Cullen) 在他的著作《城镇景观》[10]中引入的名词"荒漠规划"恰如其分地描述了功能主义规划的结果。

澳大利亚维多利亚的郊区街道

美国科罗拉多的郊区街道

独户住宅区——在建筑周围而不是户外公共空间的生活

与功能主义的多层建筑群平行发展的是随汽车的普及而兴起的独户住宅区。这种住宅区在包括斯堪的纳维亚国家、美国、加拿大和澳大利亚在内的许多国家发展很快。

独户住宅区内的花园为私密性的户外活动创造了很好的条件。而另一方面，由于街道设计、汽车交通、特别是人和各种活动的分散，公共的户外活动被减少到了最低限度。在这些地区，由于室外空间的生活贫乏，大众传播媒介和购物中心实际上成了与外界仅有的接触点。

生活从新城区消失

这些例子说明了战后的规划是如何对户外生活产生巨大影响的。生活已从这些新区完全消失，但这并不是规划构思的初衷，而是一系列其他方面考虑的副产品。

中世纪城市的设计与尺度把人和各种活动聚集到街道和广场上，并鼓励步行交通和在户外逗留，功能主义的城市郊区和建筑群则恰恰相反。过去几十年间，由于工业生产的变革和许多别的社会变化导致了户外公共空间生活的减少和分散，而这些新区的出现，更加剧了这种状况。

漫无边际发展的郊区和无数的"都市"再开发计划无意中断送了户外空间的生活，假如有一天一群规划师受命刻意去这样做，恐怕也难于完全做到这一点。

为了反抗现代主义的僵化，后现代主义产生了许多怪异、夸张的建筑，设计的重点是艺术表达而不是居民的使用

另一方面，大量的实例表明，当代建筑能在室内外空间中创造和促进日常的生活。设计过程中的细心和关注产生了完全不同的后果

上图：荷兰鹿特丹的新建住宅项目

下图：加利福尼亚州圣克鲁斯的克雷斯吉学院（Kresge College），沿着一条精心设计的街道而建建筑师：查尔斯·摩尔（Charles Moore）和 W·图恩布尔（W. Turnbull）

当代社会状态下的室外空间生活

积极参与或被动消费

无独有偶，对于功能主义、新城区和分散发展的城市郊区的批评，都主要是针对公共空间受到忽视和破坏，以致最终消失这一状况的。

电话、电视、录像、家用电脑之类的东西引入了一种全新的接触方式。公共空间中的直接交往现在可以为间接的远程通讯所取代。身临其境、参与和体验也可以通过被动地观赏画面、了解他人在别处已经经历过的场景这种方式来代替。汽车使人们可以随心所欲地驱车出去会朋友和观光，而不必积极参与当地自然发生的社会活动。

的确有各种各样的可能性来弥补所失去的一切。正是由于这个原因，对于忽视公共空间的广泛批评确实令人费解。

究竟失去了什么？

抗议

物质规划实施时引起的广泛抗议表明规划确有缺陷。关于居住环境的争论以及要求改善物质环境的居民组织都证明了这一点。典型的要求包括：改善步行与自行车交通状况、为儿童和老人提供更好的条件以及为广泛的娱乐和社会性公共功能创造更完善的环境等。

项目

新一代建筑师和规划师对现代主义和分散发展的城市郊区的激烈批评也证明了先前的规划有缺陷[30,34]。城市作为主要的建筑目标得以复兴，包括仔细地规划公共空间——街道、广场、公园——就反映了群众抗议的影响。

趋势

近年来西方工业社会中的许多发展趋势 [9] 也进一步暴露了规划的缺陷。

家庭模式发生了变化,家庭的平均规模变小。在斯堪的纳维亚国家,每户降到了 2.2 人。对在家庭之外方便地参加社会活动的要求也相应提高。人口的结构也在变化之中,儿童越来越少、老人不断增加是一种普遍现象。在许多工业化国家,20% 的人口是健康的老人,他们在退休之后再颐养 10 年、20 年乃至 30 年的天年是很寻常的事情。在斯堪的纳维亚国家,这部分人由于有充分的自由时间,是城市空间的常客,如果这些空间值得一用,它们就会得到利用。

最后,工作单位的情况也在发生很大的变化。由于技术和效率方面的原因,许多工作已完全没有社会性和创造性的因素。而且技术的发展又通常意味着减少工作负担和工作时间。这样,许多人就有了更多的闲暇。与此同时,大量社会性和创造性的需求又必须通过传统工作场所以外的机会来满足。

住宅区、城市和公共空间——从社区中心到主要广场——形成了一种可能的物质框架来满足这一系列新的需求。

新的街头生活模式

城市社会中这些变化了的条件非常明确地体现在街头生活模式最近的变化上。

在世界许多地方,以汽车交通为主的市中心被改造成了步行街系统,公共空间中的生活有了显著增加,大大超过繁忙的商业活动。一种综合性、消遣性的城市生活已经形成。

例如在哥本哈根,这一变化始于 1962 年,从那时起,越来越多的步行街建立起来了,城市生活无论在范围、创造性还是在趣味性方面都逐年发展[16]。各种民间节日和大型的、极受欢迎的狂欢节都已出现,而先前没有人相信这类活动在斯堪的纳维亚国家会成为可能。现在它们的存在是因为有这样的需求。更为重要的是,日常活动在范围和数量上都有了发展。1986 年的一项哥本哈根闹市区街头生活调查表明,在过去的 14 年中,社会性和娱乐性的活动增加了两倍。在此期间城市并没有增长,但街头生活却显著增加了(参见第 37 页)。

同样,当新住宅区中的公共空间具有了所要求的质量之后,它们也得到了更多的利用。公共空间是绝对需要的,从小

以一种新的、更广泛的方式使用城市空间反映了社会的变化。要求公共空间提供更多社会性和娱乐性机遇的呼声日高。更多的人使用空间以及从被动使用到主动使用的巨大变化是显而易见的（哥本哈根的夏日）

型的住宅区街道到城市广场，各种类型和大小的空间显然都必不可少。

室外空间的生活——一种独立的质量和一种可能的开端

对于城市及生活条件改善的评价、反应和考察构成了继续研究室外空间生活的物质环境的基础。

首先，综合性的、大规模的节目并不是研究的重点。相反，日常生活的一般状况以及日常生活所依赖的空间才是应受到重视和关心的焦点。这是一个基本的概念，它对公共空间有三条不算太高，然而非常广泛的要求：

——为必要性的户外活动提供适宜的条件；

——为自发的、娱乐性的活动提供合适的条件；

——为社会性活动提供合适的条件。

能方便而自信地进出；能在城市和建筑群中流连；能从空间、建筑物和城市中得到愉悦；能与人见面和聚会——不管这种聚会是非正式的还是有组织的，这些对于今天好的城市和好的建筑群来说仍是很关键的，就像在过去的城市中一样。

上述要求是最基本的，它们只是要求为日常生活提供更好、更适用的环境。另一方面，室外空间的生活和公共活动的良好物质条件，无论在什么情况下都是一种有价值的、不可替代的质量，或者说一个开端。

第二章

规划的先决条件

社会关系与建筑布局

社会关系与建筑布局

物质环境与户外公共空间活动之间的相互作用是本书的主题。户外空间的社会活动是这种相互作用必不可少的一个部分。

在先前的章节中讨论了与人见面、建立和保持接触以及与邻居隔篱聊天的重要性。许多实例表明,户外活动的范围与邻里间交往的频率直接有关。在户外的居民越多,他们见面也越多,就会产生更多的相互搭话和交谈。

但是,根据这些例子还不足以断定,只要有了某种特定的建筑形式,邻里间的交往和密切关系就能不同程度地发展起来。仅有建筑设计是不够的,但通过设计创造适宜的条件,就能鼓励交往。

社区活动的先决条件

为了使邻里间的接触和各种形式的公共活动向深层次发展,就必须存在一种有意义的共同点,如共同的经历、共同的兴趣或共同的问题等。哥本哈根建筑学院关于这些条件的研究得出了如下结论:

社会交往的形成与否主要取决于居民之中是否在经济、政治或意识形态方面有共同兴趣。如果找不到这些因素,就没有相互交往的基础。

我们认为,空间形式对社会关系的发展不具有促进作用,但这并不否认物质环境以及功能性和社会性的空间处理能够拓展或扼杀发展的机会。用一系列的公共设施可以丰富住宅群;通过安排穿过公共空间的住宅通路和合理的建筑布局等方式,可以引导居民形成某种活动模式;设计含有各种空间和设施的物质环境结构,可以吸引所有的居民或居民群体。但是,建筑师的规划设计工作对于住宅区社会生活发展的影响是有限度的。

[引自玛丽·路易丝·比斯特鲁甫（Marie Louise Bistrup）等，1976年]

跨越物质边界的社区关系

"跨越"物质边界的许多有价值的社会网络进一步证实了这些论点。特别是在那些有重大共同问题的地区，常常形成跨越或超出街道和院落的强烈的社区感。这些共同的问题比起物质环境的设计来要重要得多。

物质环境能起阻碍作用

上述研究也指出，在特定环境中的物质条件可以有利于或者是阻碍接触的形成与发展。这一点特别与建筑的规划设计有关，它们决定了户外生活发生的可能性。

然而，这项研究也指出了更深层次、更有意义的交往所必须的条件。

就其他更轻度、常常也是更功能性的接触而言，物质环境无疑起着关键性的、直接的作用。

社会关系与建筑布局的相互作用

因此，在任何条件下都必须从几个层次上来考察公共空间中的社会活动与社会关系之间的相互作用，考虑到存在于每个地区的现有条件以及该地区不同居民的各种兴趣和需求。

在许多情况下都可以发现，物质环境能不同程度地影响居民的社会状态。

物质环境自身可以设计成阻碍乃至扼杀所要求的接触形式，从建筑着手完全可以做到这一点。

相反，物质环境也可以设计来为更加广泛的交往机会创造条件。这样，社会关系就能和建筑布局相互协调起来。正是在这种情形下，才可能观察到公共空间的作用和户外生活。这种可能性既可以受到抑制，也可以受到促进。

下面的例子更加详细地介绍了在社会关系与建筑布局之间建立相互作用的一些实际努力，并介绍了一些原则与定义。

住宅群再划分在新建的斯堪的纳维亚国家住宅区相当普遍。15—30 户的小型组团使用效果特别好，促进了社会关系的网络

右图：丹麦斯科泽（Skaade）住宅群，1985 年建 [建筑师：C·F·莫勒斯·特格累斯图（C. F. Møllers Tegnestue）]

下图：邻里街区作为一个组织单位

社会结构

在工作单位、社团、中小学校和大专院校，为了使自主的各项活动得以开展，就需要部门和人员的分工，这一点是不言而喻的。

例如，在大学，就有学院、系、教研室这样的分级体制。这种结构形成了一种决策序列，并为每个单位提供了一系列社会和专业上的参照点。

居住环境中的社会结构

丹麦的廷加顿（Tinggården）合作住宅小区建于 1978 年 [49]，由 80 个出租住宅单元组成。它是规划人员精心考虑社会和物质结构两个方面的一处建筑综合体，其目的是使社会关系与建筑布局相得益彰。

规划工作是由未来的住户与建筑师共同进行的，它明确

社会结构与建筑布局的相互作用：哥本哈根的廷加顿住宅区

哥本哈根以南的廷加顿
(Tinggården) 合作住宅区建于
1977—1979 年，共划分为 6 个组团
(A—F)，每个组团平均有 15 户人
家，围绕着一个公共空间和一处公
共用房 (2)。所有组团共享一个位
于主要街道上的社区中心 (1)（建
筑师：水艺事务所）

右中图：住宅组团 A 绕着两个公共
空间——室外广场和室内公共用
房
下图：总平面 1∶1750

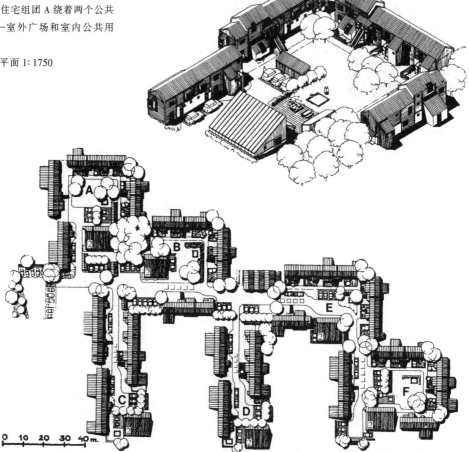

体现了一种令人满意的社会结构。

这一建筑综合体划分为 6 个组团，每个组团约有 15 户住宅单元和一处公共用房。

此外，整个综合体还有一个大型的社区活动中心。这种由住宅、住宅组团、住宅综合体和城市组成的层次划分，是希望加强社区感和每个住宅组团乃至整个住宅区中自主的各项活动。

居住环境中的物质结构

这处建筑综合体的物质结构反映和支持了所希求的社会结构。

公共空间的分级划分反映了社会组群的分级划分：家庭有起居室；住宅围绕着两个公共空间来组织，即室外广场和室内的公共用房；最后，整个居住综合体围绕着一条公共的大街布局，那里设有大型的社区活动中心。家庭成员相聚在起居室，住宅组团的居民相聚在该组团的广场，整个住宅区的居民则相聚在主要大街上。

社会结构与建筑布局的相互作用

上述住宅区和类似建筑项目的指导思想是，物质结构，也就是建筑的规划布局，在视觉上和功能上要支持住宅区内理想的社会结构。

在视觉上，围绕着组团的广场或街道布置的住宅以物质形式表现了社会结构。

在功能上，通过在分级结构的各个层次上建立室内外的公共空间，支持了社会结构。

公共空间的主要功能是为户外生活提供舞台；日常的、自发性的活动，如步行、短暂的逗留、玩耍以及简单的社会性活动能发展成居民们所希求的其他公共活动。

模糊结构

廷加顿住宅区有明确的社会划分和相应的物质划分，而与其相对应的普通独户住宅区或多层住宅区则完全不同。

这类住宅区中，社会结构常常是由最小单元的家庭/住宅组成。在这种单元和极大的单元——市中心或购物中心——之间只有模糊的再划分。从物质形式上看，其结构是以相似的方式形成的，没有明确的分区，住宅区的内部结构含混不清，

模糊结构。澳大利亚墨尔本的郊区

边界也很模糊。每一幢住宅的"从属"区域或者住宅区在什么地区"收尾"都不清楚。住宅区的街道设计极少考虑到公共活动在什么地方发生以及怎样发生。在这样的条件下,含混不清的物质结构本身就是对户外生活的一种有形的障碍。

上述两方面的例子揭示了在居住区环境中应用社会和物质结构概念的可能性,并强调必须结合社会关系和组群规模来自然地考察公共空间和户外生活。上述例子还指出,户外生活和在不同层次上相会的机遇将有助于形成和保持社会关系。

私密的程度

由于引入了从起居室到城市的市政厅广场的公共空间分级系统和这些空间与各种社会组群的关系,就可以确定不同空间公共性和私密性的程度。

在这一序列的一端是带有庭院或阳台一类私有户外空间的私人住宅。在住宅组团中的公共空间当然是对公众开放的,但由于它们与有限数量的居民密切相关,因而具有半公共的性质。在住宅小区中的公共空间,公共性就要强些,而城市的市政厅广场就是完全的公共空间了。

从公共性到私密性的序列也可以有与前述完全不同的形式,或者说更加不明确的形式,就像在散乱的城市结构中的多层住宅区或独户住宅区中那样。在许多这一类型的实例中,私密性的和完全公共性的领域之间几乎没有中间层次或过渡。

图为带有私密、半私密、半公共和公共空间的分级化组织的住宅区。这种清楚的结构加强了自然的监视，有助于居民们了解谁"属于"这一区域，并有利于就共同关心的问题做出一致决定（选自奥斯卡·纽曼（Oscar Newman）《可防卫的空间》[41]）

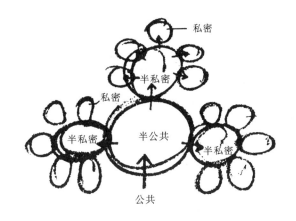

领域、安全和从属感

建立起一种社会结构以及相应的、有不同层次空间的物质结构，形成了从小组团和小空间到较大组团与空间，从较私密的空间到逐渐具有更强公共性的空间的过渡，从而能在私有住宅之外形成一种更强的安全感和更强的从属于这一区域的意识。如果每个人都把这种区域视为住宅和居住环境的组成部分，那么它就扩大了实际的住宅范围。这本身就会导致更多地使用公共空间。例如父母会允许更小的孩子在户外玩耍，而在通常情况下他们是不放心的。

建立起有一系列户外空间的住宅区，在住宅边上形成半公共的、亲密的和熟悉的空间，就可以使居民们更好地相互了解，并且认为户外空间属于住宅区。这就加强了对外人的警觉和对公共空间及其居民的集体责任感。公共空间成了住宅产权的一部分，就可能防止破坏和犯罪，使居民得到安全保护 [9，40]。

把住宅区划分为更小、更明确的单元，并与更加综合性的分级系统联系起来的重要性已为越来越多的人所认识，并被应用到一些新的建设项目之中。一些实例表明，这些小单元中的居民更快、更有效地组织起了自己的集体活动和解决了共同的问题。

把建筑群划分为更小、更明确的单元这种方法也越来越多地应用已有城区的更新改造。在这些较老的公共住宅区中，最紧迫的问题之一就与它们的规模和不明确的公共空间有关。由于这些空间太大而且缺少明晰的边界，因而无人问津。

在私有与共享空间之间有明确过渡的住宅区分级结构(选自奥斯卡·纽曼《可防卫的空间》[41])

清晰的边界划分是明确内部结构和解决地区性问题的重要一步

左下图:明确界定的住宅组团入口(英国泰恩河畔纽卡斯尔市拜克住宅区 (Byker, Newcastle upon Tyne)

右下图:鼓吹哥本哈根市划区而治的社区团体树立的非正式欢迎标志:"24000 居民——属哥本哈根管辖"

过渡区——和缓的过渡

应该指出，各种类型公共空间之间应该是和缓、流畅的过渡。例如，从物质形态上表现出住宅组群之间的过渡是有益的，也是很重要的，但同时也要注意，分界线不能过于生硬以致阻碍与外界的接触。例如，必须有良好的视线联系，使小孩能瞧见是否有小伙伴在外面相邻的游戏场上。

在拉尔夫·厄斯金设计的瑞典兰斯克鲁纳（Landskrona）和桑维卡（Sandvika）住宅区，以及英国纽卡斯尔的拜克住宅区[7] 中，就可以发现一些颇具匠心的社会和物质结构以及过渡区域的佳例。这些过渡区域清晰明确，但又使人感到出入方便、自在。

拜克综合体是一个城市更新项目，它使 12000 名原先住在破旧的低层住宅区的居民得以乔迁到原地拆建的新居。旧有的结构已荡然无存。为了缓和从老屋到新居的转变以保持连续性，建筑师仔细地将新住宅区划分成一些清晰明确的单元——与老的街道和社区相对应的住宅组团和城区。另外过渡区域都有确定的物质边界以及出入口和大门，使每一住宅组团都划分明确，但它们的界限又不是太生硬，不会给人们的往来造成无谓的障碍。

知觉与交流

至少有 5 种方式可以促进或妨碍视线
和声音的交流

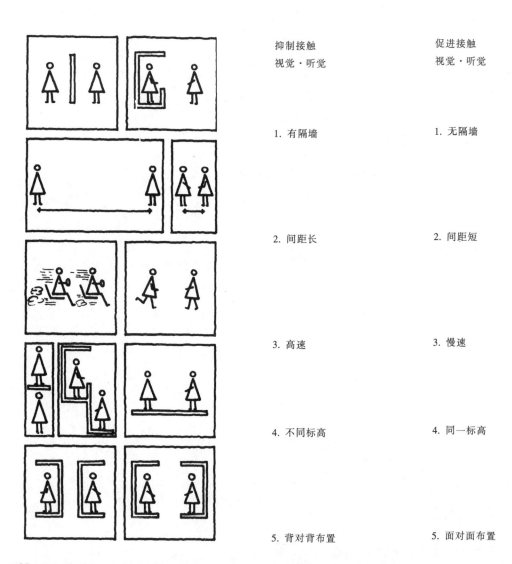

抑制接触
视觉·听觉

1. 有隔墙

2. 间距长

3. 高速

4. 不同标高

5. 背对背布置

促进接触
视觉·听觉

1. 无隔墙

2. 间距短

3. 慢速

4. 同一标高

5. 面对面布置

知觉、交流与尺度

<table>
<tr>
<td>

知觉——规划必须考虑的因素

</td>
<td>

　　了解人类的知觉及其感知的方式以及感知的范围，对于各种形式户外空间和建筑布局的规划设计来说都是一个重要的先决条件。

　　视觉与听觉与最广泛的户外社会活动——视听接触——密切相关，因此，了解它们是如何起作用的，自然就成了一个基本的规划要素。另外，把了解知觉作为一个必要的先决条件，也是为了理解所有其他形式的直接交流和人类对于空间条件及尺度的感受。

</td>
</tr>
<tr>
<td>

向前和水平的知觉器官

</td>
<td>

　　人类自然的运动主要限于水平方向上的行走，其速度大约是每小时5km。人类的知觉器官很好地适应了这一条件，它们基本上都是面向前方的，其中发展得最完善，也是最有用的是视觉，它显然是水平向的。水平视域比竖向视域要宽广得多。如果一个人向前看，可以观察到两侧各自近90°水平范围内正在发生的事情。

　　向下的视域比水平视域要窄得多，向上的视域也很有限，而且还会减少得更多一些。为了看清行走路线，人们行走时的视轴线向下偏了10°左右。人们在街上行走时，实际上只看见建筑物的底层、路面以及街道空间本身当时发生的事情。

　　因此，观看的对象必须是与观众大致在同一水平面的前方。这一点反映在各种类型观赏空间的设计之中，如剧院、电影院、体育馆等。剧院的楼座票价要低一些，因为在楼座上难以用"正确"的方式来观看演出。同样，也没有人愿意坐在比舞台低的位子上。超级市场的商品陈列也说明了竖向视域的局限。日常的家用产品放在低于人眼高度、接近地面的货架上，

</td>
</tr>
</table>

而在人眼高度上的货架里塞满了那些商店认为顾客一时冲动才会购买的不太重要的非必需品。

距离型感受器官与直接型感受器官

人类学家爱德华·T·霍尔(Edward T. Hall)在《隐匿的尺度》[23]一书中分析了人类最重要的知觉以及它们与人际交往和体验外部世界有关的功能。根据霍尔的研究,人类有两类知觉器官:距离型感受器官——眼、耳、鼻——和直接型感受器官——皮肤和肌肉。这些感受器官有不同程度的分工和不同的工作范围。

就我们现在的研究而言,距离型感受器官有特殊的重要性。

嗅觉

嗅觉只能在非常有限的范围内感知到不同的气味。只有在小于1m的距离以内,才能闻到从别人头发、皮肤和衣服上散发出来的较弱的气味。香水或者别的较浓的气味可以在2—3m远处感觉到。超过这一距离,人就只能嗅出很浓烈的气味。

听觉

听觉具有较大的工作范围。在7m以内,耳朵是非常灵敏的,在这一距离进行交谈没有什么困难。大约在35m的距离,仍可以听清楚演讲,比如建立起一种问－答式的关系,但已不可能进行实际的交谈。

超过35m,倾听别人的能力就大大降低了。有可能听见人的大声叫喊,但很难听清他在喊些什么。如果距离达1km或者更远,就只可能听见大炮声或者高空的喷气飞机这样极强的噪声。

视觉

视觉具有更大的工作范围,可以看见天上的星星,也可以清楚地看见已听不到声音的飞机。但是,就感受他人来说,视觉与别的知觉一样,也有明确的局限。

社会性视域 —— 0 — 100m

在0.5—1km的距离之内,人们根据背景、光照、特别是所观察的人群移动与否等因素,可以看见和分辨出人群。在大约100m远处,在更远距离见到的人影就成了具体的个人。这一范围可以称之为社会性视域。下面的例子就说明了这一范围是如何影响人们行为的：在人不太多的海滩上，只要有足够的空间，每一群游泳的人都自行以100m的间距分布。在这样的距离，每一群人都可以察觉到远处海滩上有人，但不可能看清他们是谁或者他们在干些什么。在70—100m远处，就可以比较有把握地确认一个人的性别、大概的年龄以及这个人在干什么。

在这样的距离，常常可以根据其服饰和走路的姿势认出很熟悉的人。

70—100m远这一距离也影响了足球场等各种体育场馆中观众席的布置。例如，从最远的座席到球场中心的距离通常为70m，否则观众就无法看清比赛。

距离近到可以看清细节时，才有可能具体看清每一个人。在大约30m远处，面部特征、发型和年纪都能看到，不常见面的人也能认出。当距离缩小到20—25m，大多数人能看清别人的表情与心绪。在这种情况下，见面才开始变得真正令人感兴趣，并带有一定的社会意义。

一个相关的例子是剧院。剧场舞台到最远的观众席的距离最大为30—35m。在剧场中，一些重要的感情都能得到交流。尽管演员能 通过化妆和夸张的动作等方式来"扩大"视觉表现，但为了使人们完全理解剧情，观众席的距离还是有严格限制的。

如果相距更近一些，信息的数量和强度都会大大增加，这是因为别的知觉开始补充视觉。在1—3m的距离内就能进行一般的交谈，体验到有意义的人际交流所必需的细节。如果再靠近一些，印象和感觉就会进一步得到加强。

距离与交流

感官印象的距离与强度之间的相互关系被广泛用于人际交流。非常亲密的感情交流发生于0—0.5m这一很小的范围。在这个范围内，所有的感官一齐起作用，所有细微末节都一览无遗。较轻一些的接触则发生于0.5—7m这样较大的距离。

几乎在所有的接触中都会有意识地利用距离因素。如果共同的兴趣和感情加深，参与者之间的距离就会缩短，人们会走得更近或在椅子上向对方靠拢，气氛就会变得更加"亲切"和融洽。相反，如果兴致淡薄了，距离就会拉大。例如，谈话进入尾声，距离就会拉大。如果参与者之一希望结束交谈，他就会后退几步——"退场"。

80m

7.5m

50m

2m

20m

40cm

另外，语言也反映了接触的距离与强度之间的联系，比如"亲近的朋友"、"近亲"、"远亲"、"与某人保持一段距离"等说法。

距离既可以在不同的社会场合中用来调节相互关系的强度，也可用来控制每次交谈的开头与结尾，这就说明交谈需要特定的空间。例如，电梯空间就不适合于邻里间的日常交谈，进深只有1m的前院也是如此。在这两种情况下，都无法避免不喜欢的接触或者退出尴尬的局面。另一方面，如果前院太深，交谈也无法开始。在澳大利亚、加拿大和丹麦等地的调查（参见第40页和第191—193页）表明，在这一特定情形下，3.25m的距离似乎是很有用的。

社会距离

在《隐匿的尺度》[23]一书中，爱德华·T·霍尔定义了一系列的社会距离，也就是在西欧及美国文化圈中不同交往形式的习惯距离。

亲密距离（0—45cm）是一种表达温柔、舒适、爱抚以及激愤等强烈感情的距离。

个人距离（0.45—1.30m）是亲近朋友或家庭成员之间谈话的距离，家庭餐桌上人们的距离就是一个例子。

社会距离（1.30—3.75m）是朋友、熟人、邻居、同事等之间日常交谈的距离。由咖啡桌和扶手椅构成的休息空间布局就表现了这种社会距离。

最后，公共距离（大于3.75m）是用于单向交流的集会、演讲，或者人们只愿旁观而无意参与这样一些较拘谨场合的距离。

小尺度与大尺度

在各种交往场合中，距离与强度，即密切和热烈的程度之间的关系也可以推广到人们对于建筑尺度的感受。在尺度适中的城市和建筑群中，窄窄的街道、小巧的空间、建筑物和建筑细部、空间中活动的人群都可以在咫尺之间深切地体会到。这些城市和空间令人感到温馨和亲切宜人。反之，那些有着巨大空间、宽广的街道和高楼大厦的城市则使人觉得冷漠无情。

小尺度意味着温馨、宜人的空间

距离常常用来表达人们相互间不同的关系,如"亲近的朋友"、"与某人保持距离"等说法就表示了关系发展的程度

同样,小的空间也让人觉得温馨而宜人。小的尺度使人们可以看见和听到他人;在小空间中,细部和整体都能欣赏到。相反,大空间令人感到冷漠和缺乏人情味,建筑物和人群都"保持一段距离"

左图:费城的老街
下图:巴黎拉德方斯(La Défence)

体验的时间

为了感知物体和活动，就要使它们处于眼睛平面附近，并考虑到人类视域的局限。除了这些条件之外，感知事物还有一个重要因素，就是要有一定的时间与分析和处理视觉印象。

大多数感觉器官天生惯于感受和处理以每小时 5—15km 的速度步行和小跑所获得的细节和印象。如果运动速度增加，观察细节和处理有意义的信息的可能性就大大降低。在公路上可以观察到这种现象的一个不太愉快的例证。当公路上一条车道发生交通事故时，另一条车道上的交通常常也会停顿，因为驾驶员把车速降到了每小时 8km，以看清发生了什么。另一个例子是放幻灯，如果换片太快，观众就会要求放慢速度，以看清幻灯片的内容。

当两个人相视而过时，从他们相互看清或认出对方，到他们走到一起大约需要 30 秒钟。在这段时间里，获得的信息量和细节的详尽程度都逐渐增加，使双方都有时间对这种情形作出反应。如果这种反应的时间急剧减少，对情况进行观察和反应的能力就丧失了，正如汽车在公路上从想搭便车的人身边闪过一样。

汽车城市的尺度与步行城市的尺度

如要使快速运动的人看清物体和人，就必须将它们的形象大大夸张。

因此，汽车城市和步行城市就有完全不同的规模与尺度。在汽车城市中，标志和告示牌都必须巨大而醒目才能看清。因为无法去观赏细节，建筑物都是缺少细部处理的庞然大物。人们的面容和面部表情在这种尺度下也显得很小，完全看不清楚。

汽车城市的尺度与步行城市的尺度

汽车的尺寸,尤其是它们的速度,在汽车城市和步行城市之间造成了巨大的差异。为了使汽车交通看清建筑物和标志,就必须采用粗大的设计和巨型的符号

夸张、粗大的建筑在每小时车速为80km 的美国高速公路两侧随处可见,充斥着怪异的馅饼店、加油站和超大型的招牌

但是,在快速与慢速交通模式共享同一空间的任何地方,都存在这两种尺度的矛盾

体验的时间

慢速度、小尺度与精心的
细部设计密切相关〔荷兰
马尔肯(Marken)〕

生活始于足下

　　所有有意义的社会活动、深切的感受、交谈和关怀都是在人们停留、坐着、躺卧或步行时发生的。人们可以从汽车或火车的窗户看到别人的掠影，但生活总是始于足下，只有"脚踏实地"，才能为交往和获取信息创造有利条件，使每一个人都轻松自在，并有时间去感受、停留乃至参与。

孤独或交往的物质规划

在总结了感知的能力与局限之后，就可以得出 5 种不同的方式使建筑师和规划师们能促成交往和防止孤独，或者正相反。

孤独	交往
有隔墙	无隔墙
间距长	间距短
高速度	慢速度
不同标高	同一标高
避开他人	接近他人

通过单独或并用这 5 项原则，就可以为孤独或交往建立起各自不同的物质条件。

生活始于足下〔瑞士瓜达（Guarda）街景〕

室外空间的生活 —— 一种过程

室外空间生活——一种自我强化的过程

室外空间生活是一种潜在的自我强化的过程。当有人开始做某一件事时，别的人就会表示出一种明显的参与倾向，要么亲自加入，要么体会一下别人正在进行的工作。这样，每个人，每项活动都能影响、激发别的人和事。一旦这一过程开始，整体的活动几乎总是比最初进行的单项活动的总和更广泛，更丰富。

在家中，各种活动及家庭成员都随着活动中心的变化而不断由一个房间转移到另一个房间。当厨房有事时，孩子们就在厨房的地板上玩耍，等等。

在游戏场中也可以观察到游戏活动是如何自我强化的。如果有小孩开始游戏，别的小孩就会受到启发出来参加游玩，这样，一小群孩子的队伍会迅速扩大，一个过程便开始了。

在公共场所同样可以看到类似的现象。如果有一批人在一起，或者发生了什么事，更多的人和事就会加入其中，活动的范围和持续时间都会增加。

一加一至少等于三

荷兰建筑师 F·范·克林格瑞（F. van Klingeren）潜心研究了荷兰德龙滕（Dronten）和艾恩德霍芬（Eindhoven）市中心各种城市活动的集结和融会情况〔11〕。他发现，这些城市中整体活动水平的发展正是这样一种自我强化过程的结果。范·克林格瑞用一个公式总结了他的城市生活经验："一加一至少等于三"。

正效应过程：有活动发生是由于有活动发生

在丹麦的由独户住宅和联排住宅构成的区域内，对儿童游戏模式进行的研究充分验证了这一点[28]。在联排住宅区，每

没有活动发生是由于没有活动发
生

英亩 (4000m²) 的儿童"密度"是较分散的独户住宅区的两倍。在有两倍数目儿童的地区,游戏活动水平要高四倍。

有活动发生是由于有活动发生。

负效应过程:没有活动发生是由于没有活动发生

户外空间生活是一种自我强化的过程,这一现象也有助于说明为什么许多新住宅区如此空寂和缺乏生气。尽管有不少事情发生,但由于人及其活动在时间上和空间上过于分散,几乎每个单项活动都没有机会相互交汇,以形成更大、更有意义和更富于激情的一系列活动。这就产生了一种负效应过程:没有活动发生是由于没有活动发生。

孩子们宁愿呆在家中看电视,因为户外太枯燥无味;老人们无法享受到坐在长椅上的特殊乐趣,因为没有什么可看。如果只有寥寥几个小孩在玩耍、寥寥几个人坐在椅子上、寥寥几个人从附近走过,眺望窗外也不会很有趣,可看的太少了。

这种负效应过程会导致户外生活急剧减少,在许多活动极为分散的效区都可以观察到这一现象。

旧城区改造同样也可能产生负效应过程。停车场、加油站、大型的金融机构等设施使人和活动的数量减少了。由于居民数量减少和街道环境的恶化,与居民日常生活有关的自然活动的水平也就随之下降。空空荡荡的街道当然无人问津。

公共生活空间被肢解,街头成了空寂之地。这种变化是导致在街道上破坏公共设施和犯罪的重要原因。

对面页图:人们喜欢在有人聚集的地方集合。图为哥本哈根西区和墨尔本南区的住宅街区

超速干道上和步行街上每分钟的交通量都是 85 人。但是，步行街上在任何特定的时间看到的人都要多 20 倍，因为许多人站着或坐着，并且运动的速度是每小时 5km 而不是 100km

简·雅各布斯 (Jane Jacobs) 在她的著作《美国大城市的生与死》[24] 中指出，这种状况在许多美国大城市已发展到了非常严重的程度。奥斯卡·纽曼在《可防卫的空间》[40] 一书中也进一步强调了这一点。

一旦犯罪或恐惧成了一个问题，人们就有充分的理由对街道避而远之，这就形成了一种恶性循环。

室外空间生活——活动数量与持续时间的问题

为了努力使正效应过程有机会发展，就有必要认识到：户外生活，即在特定空间中可以观察到的人及其活动，是各种活动的数量和待续时间的产物。重要的不仅是人或活动的多少，也是它们在户外待续时间的长短。

下面的例子可以说明这一关系：

如果 3 个人每人在自己住宅前逗留 60 分钟，那么在这一小时内就有 3 个人在户外空间；如果 30 个人每人在自己的住宅前逗留 6 分钟，其活动水平，也就是户外逗留时间的总和也是一样的（30×6＝180 分钟），相当于 1 小时平均有 3 个人在户外空间。

人和活动的数量本身并不能真正反映出一个地区的活动水平。因为经验告诉我们，实际的活动和户外空间的生活同样也是一个户外逗留时间长短的问题。这就意味着在特定地区高水平的活动有赖于两个方面的努力：一是保证有更多的人使用公共空间；二是鼓励每一个人逗留更长的时间。

慢速交通意味着富有活力的城市

如果运动速度从每小时 60km 降至每小时 6km，大街上的人数就会成 10 倍地增加，因为每个人都处于延长了 10 倍的视域之内。

这就是波黑共和国的杜布罗夫尼克（Dubrovnik）和意大利的威尼斯这样的步行城市有很高活动水平的主要原因。当所有交通都放慢后，街头生活就会由此而兴起，与汽车城市中的景象形成对比。在汽车城市中，自动化的高速运动降低了活动的水平。

人们是步行还是驾车，或者用车时停车处离家门是 5m、100m、还是 200m，这些因素对于户外活动和邻里间见面的机会都是决定性的。

汽车停放得离家门越远，这一地区就会有越多的活动产生，因为慢速交通意味着富于活力的城市。

较长的户外逗留意味着富于活力的住宅区

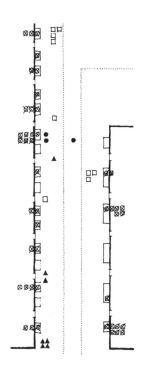

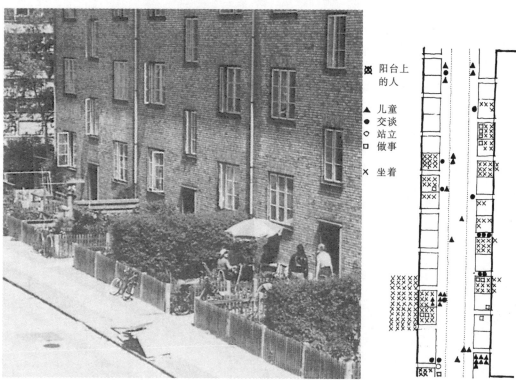

阳台上
的人

▲ 儿童
● 交谈
○ 站立
□ 做事

× 坐着

较长的户外逗留意味着富于活力的住宅区和城市空间

在公共空间中各种功能的持续时间同样影响着活动的水平。

如果人们乐意在公共空间逗留得久一点，少数人的活动就能发展到相当的水平。

如果住宅区中户外活动的条件得到较大改善，平均每天户外逗留的时间从 10 分钟增加到 20 分钟，这一地区的活动水平就会成倍提高。

比较一下用于交通的时间，逗留时间的因素就显得更为重要。

当由驾车改为步行时，在这个区域的每个"行程"时间可能平均增加 2 分钟，而户外逗留时间只要从 10 分钟增加到 20 分钟，其效果会比驾车改步行大 5 倍。

因此延长户外逗留比慢速交通作用更大，较长的户外逗留意味着富于活力的住宅区和城市空间。

持续时间与活动的多寡同样重要，这种关系在很大程度上说明了在许多新住宅区，例如多层公寓住宅区中活动如此之少的原因，尽管这些地区的居民数量并不少。居民进出的很多，但极少有机会使他们延长户外逗留时间。没有好的去处，也无事可做。这样，户外活动就变得短暂，活动水平也就低。

带有小前院的联排住宅的住户或许还要少些，但住宅周围的活动却要多得多，这是因为每一位居民在户外的时间一般要长得多。

户外生活与人和活动的数量以及户外逗留时间长短之间的相互关系，为在现有和新建住宅区内改善户外生活的条件提供了关键性的解决办法——即改善户外逗留的条件。

对面页图：夏季一个星期六哥本哈根市的两条平行街区，两条街大小、人口都类似。上面一条街没有长时间户外逗留的条件。下面一条街带有前院，为户外逗留创造了很好的条件。同时在两条街进行的调查表明，下面的街区在一个夏日中使用街道的次数是上面那条单调的街道的 21 倍[19]

图为两条街的街景。平面图表示上午 10 时至下午 8 时 20 次户外活动记录的总和(1980 年 6 月)

第三章

集中或分散:城市与小区规划

集中或分散

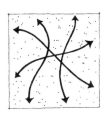

集中或分散

如前所述,如果活动和人能集中起来,单个的活动就可以相互激发。在场的参与者也就有机会体验和投入别的活动,自我强化的过程便由此而生。

在这一节和以后的三节中将着重讨论影响人与活动集中或分散的一系列规划决策。不管其目标是集中还是分散,为了给不同情况的规划提供一个基础,都有必要对这一课题进行深入的研究。根据具体情况,这两个目标都可能是有意义的。

下文中对集中问题的强调,并不意味着在所有情况下都应该去追求集中,相反,在许多场合下都不应集中。例如,为了保证城市活动在城市中各个较大的地区更均匀地分布,或者为了建立安宁、清静的空间作为繁华空间的补充,就不必集中。在许多大城市、高楼、机关和人群高度集中,也从许多方面说明了集中不当的后果。因此,集中并非总是明智之举。

虽然如此,讨论的重点还是放在集中问题上。这一方面是因为让活动集中起来比分散它们一般要困难得多;另一方面是因为社会发展的趋势和规划的教条都强烈地倾向于在新旧城区中分散人和活动。

集中人与活动

我们要集中的不是建筑物,而是人和活动,弄清这一点至关重要。居住建筑面积密度和建筑密度之类的概念与人的活动是否足够集中并无关系。

集中或分散

如果人和活动有意识地集中起来，通常会改善公共及个人活动的条件。
住宅的一面是一条街，另一面是大片的森林〔瑞士伯尔尼的哈伦住宅区 (Siedlung Halen, Bern)〕
下图:低层高密度住宅区

建筑物的设计考虑到人体的功能是很重要的，如步行的距离多远，观察和感知的范围多大等。在"低层高密度"的住宅区中，大量的住宅被布置在复杂的道路系统之中。尽管这里建筑密度高，但并不一定就有显著的活动水平。

相反，由两条面向街道的联排式住宅形成的乡村小街却表现了一种明确而一贯的集中活动倾向。这表明，建筑布局以及入口安排与人行道和户外活动区域的关系是活动集中与否的决定性因素。

大多数人每次步行的活动半径通常为400—500m[6]；根据不同情况，人们可能看清别人和活动过程的距离在20—100m的范围之内。在实际工作中，这两个因素对于集中的程度有重大影响。

如果希望从家中或者只走上500m就可以看见别人和活动，并且步行就能到达最重要的服务设施，就必须精心地将各种活动和设施集中安排。只要空间和设施的布局稍有分散，或者距离略大，就会令人索然无味，不可能有丰富的感受。

显然，仔细推敲每一处立面的下部、处理好人行道都是非常必要的。

大、中、小的尺度

从广泛的规划角度来考察人和活动的集中与分散问题很有必要。在城市及地区规划的大尺度、小区规划的中等尺度直到最小尺度上的探讨都是联系在一起的。如果宏观层次上的决策不能为功能完善、使用方便的公共空间创造先决条件，在较小尺度上的工作就成了空中楼阁。这种关系是非常重要的，因为在所有场合下，小的尺度，即周围直接的环境，正是人们相会的地方以及评价各个规划层次的决策的参考点。为了在城市和建筑群中获得高质量的空间，就必须深入研究每一个细节，但是，各个规划层次都必须为此创造条件，才能获得成功。

大尺度上的集中或分散

在功能分区的城市结构中，住宅、公共服务设施、工业、商业等功能被分别布置在各自规模很大的片区之中，各区之间用机动交通联系。这样，在城市规划的大尺度上，人和活动被有效地分散开了。在世界各地的城市郊区，活动和人的分散几乎是一种共同现象。在洛杉矶这样的分散型城市中可以找到

一个广场的城镇

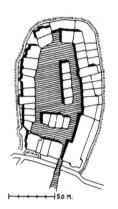

意大利圣维托里诺·罗马诺
(San Vittorino Romano)镇。总平
面 1∶4000

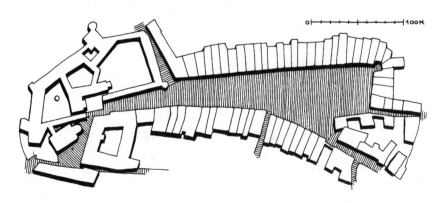

捷克泰尔奇(Telc)镇。总平面 1∶4000

最典型的混乱形式。

与此相反的城市结构则以一种清晰的模式经常性地集中起人和活动。在这种类型的城市中，公共空间是最重要的因素，各种功能设施都切实沿街布置，朝向大街。这种城市结构几乎在所有的老城中都可以发现。在最近几年中，这种结构在欧洲城市中的一些新区再度出现。新近在瑞典斯德哥尔摩以南建成的斯卡普纳克 (Skarpnäck) 新城〔46〕就是这种发展的几个例子之一，令人很感兴趣。在这个新城中，街道和广场重新成了主要的因素，其他功能设施都围绕它们布置。

中等尺度上的集中或分散

在中等尺度上，也就是在小区规划上，如果建筑物的间距很大，并且入口区与住宅互不搭界，人和活动就会分散。这种模式在传统的独户住宅区和功能主义的点式公寓楼区是很常见的。在这两种情况下，由于有许多相互交织的人行道和小径以及大而无当的开敞空间，户外活动的分布很稀少。

相反，通过建筑物和功能设施的布局，形成尽可能紧凑的公共空间体系和尽可能短捷的步行交通及感觉经历，就可以将人和活动集中起来。这一原则在几乎所有1930年之前的以及一部分新建的城区中都可以找到。在那些所有建筑物均集中围绕广场而建的小镇中，还能发现这一原则最简单有效的形式。

一个广场的城镇

罗马东部的圣维托里诺·罗马诺镇和捷克的泰尔奇镇就是这种建设形式的早期范例。现代类似的布局有最近的组团式住宅小区和许多斯堪的纳维亚集体住宅项目。

这种组织原则可以追溯到整个历史进程，从传统的部落营地到当代的露营区都是如此。建筑物、出入口、帐篷等都围绕着一个公共空间，就像围桌而聚的朋友那样。

围绕广场布局的住宅组团住户不能太多。如果人口过多，就无法使所有的住宅绕广场布置，否则就难于使广场保持合理的尺度，满足活动在视觉上集中的要求。

一条街道的城镇

在这种情况下，两排低层建筑形成街道的组织形式就自然而然地产生了，它同时也是人类运动方式的局限和水平向前的感知系统的必然结果。当活动沿街集中时，每一个人只要步行

一条街道的城镇

一条街道的城镇〔德国北部的阿尼斯(Arnis)〕

一条街道的城镇。所有单元均沿一条带玻璃顶的街道布置〔瑞典埃斯勒夫市的加德沙克拉 (Gårdsåkra, Eslöv),建筑师:彼得·伯罗伯格 (Peter Broberg),1980—1982 年建〕

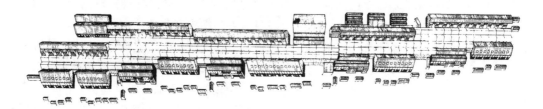

对公共生活的重视反映在住宅的布局上。哥本哈根以北的沙特丹姆（Saettedammen）住宅区（1970年）[48]，总平面 1: 2000〔建筑师：T·博雅格（T. Bjerg）和 P·戴里波格（P. Dyreborg）〕

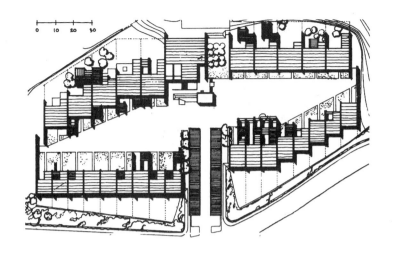

一小会儿就能了解这一地区正在发生的一切。

　　沿一条独街而建的城镇中，可以找到这一建筑原则的最简单形式。传统的村庄就是沿一条主要街道发展起来的。最近应用这一原则建成的一个小镇的实例是在瑞典埃斯勒夫市的加德沙克拉镇[13]，由建筑师彼得·伯罗伯格设计。在加德沙克拉，所有的住宅、入口、学校、公共建筑以及集合式的车间和办公室都集中沿集街布置，这样就创造出了一种线性的结构，使街道可以盖上一个玻璃顶，确保四季无雨雪风霜之虞。这种简明的街道式结构最近也被应用于一些斯堪的纳维亚的集体住宅区。在这些住宅区中，"城镇"变成了由住宅夹道组成的街区。

街道与广场构成的城市:斯德哥尔摩市斯卡普纳克新城

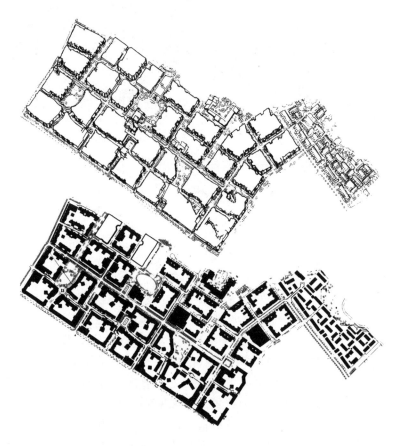

斯卡普纳克是瑞典斯德哥尔摩以南的一个新城,建于1982—1988年。它由可供10000居民居住的公有及私人住宅构成。街道一层的空间分布着办公、车间和公共设施〔斯德哥尔摩市规划局,建筑师:莱夫·伯洛姆奎斯特(Leif Blomquist)和伊万·赫斯特罗姆(Eva Henstrom)〕

上图:构想图与城市规划,1:12500
下图:斯卡普纳克主要大街

在最近的欧洲规划政策中，明确表现了一种抛弃松散郊区，走向带有广场与街道的紧凑型都市模式的倾向〔建筑师列奥·克里埃(Leon Krier) 1976 年为巴黎拉维莱特新城所作的竞赛方案(30)〕

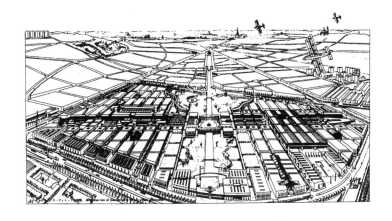

街道与广场构成的城市

大型的城区需要更多的街道与广场，构成了一种更加多样化的结构，包括主要街道、小巷、主要和次要的广场等，就像许多老城市一样。

这一原则间或也可以在一些郊区和功能主义的城市小区中找到。但一般地说，在这类稀疏的结构形式中，"街道"变成了公路，"广场"变成了使人厌恶的巨大而空旷的荒地。在这种条件下，由于大而无当的尺度和多余而分散的道路网，各自的活动在空间和时间上被分散。难于建立起更为亲切、更好使用的公共空间的原因，并不是由于缺乏步行交通和居民，而是因为许多分散的道路和小径取代了先前城市中那种更集中的街道网络。

在整个人类定居的历史中，街道和广场都是最基本的因素。所有的城市都是围绕它们组织的。历史已经充分证明了这些因素的重要性，因为对大多数人而言，街道和广场构成了"城市"现象的最基本的部分。这种简单的原理和合理地使用街道与广场的思想最近几年再度受到关注。这里，街道是建立在人类活动的线性模式基础上的，广场则是以眼睛感知能力的范围为依据的。 列奥·克里埃的设计与理论研究 [29, 30, 31]、罗伯·克里埃(Rob Krier)最近在柏林设计的新城区[34]，以及斯堪的纳维亚的新城镇如赫尔辛基的斯卡图登(Skatudden)和斯德哥尔摩的斯卡普纳克新城 [46]，都表明了城市围绕街道和广场建设这一古老原则正在复兴，这是很有意义的。

空间上的集中或分散

一般地说，老城中空间的大小与人的感官和使用该空间的人数非常协调。在最近新建的社区中，对于空间尺度类似的精心处理确实少见，但也不能一概而论，总有些例外

上图：荷兰马尔肯

中图：哥本哈根新建住宅区中4m宽的通路。4m的宽度每分钟可通过50—60名步行者。更多的空间是多余的！

下图：加拿大安大略省多伦多市的郊区街道。这种空间在住宅之间造成了难以逾越的鸿沟

小尺度上的集中或分散

在小尺度上，也就是在户外空间和毗邻立面的设计上，必须对诱发和支持户外活动的各种因素进行详尽、细致的筹划。对每一项功能或活动都应根据各自的具体情况进行分析评价，并考虑不同临街面吸引人的程度以及它们对户外空间活动的影响。由于人的活动半径和感知范围有限，每一米街道或立面，每平方米的空间都是极为重要的。

空间上的集中或分散

在小尺度上，通过为少量的人和活动提供超尺寸的区域，就能从空间上把活动分散开来。在规模不大的住宅区中，采用20、30到40m宽的步行街，或者40、50到60m见方的广场，就是这种超尺寸的例子。在这类空间中，不仅两侧的人相距过远，而且对穿行的人来说，同时经历两侧的活动景象也是不太可能的。

相反，根据知觉范围和预计会使用这些空间的人数，有克制地确定街道和广场的尺寸，就能使活动集中起来。

在市场和百货商店中，摊位之间的距离一般为2—3m，这一距离可以保证步行交通和两侧的生意，并能看清两侧的商品。在威尼斯，街道的平均宽度正好为3m，这个尺度每分钟可以通过40—50名缓行的人。

由于减小尺度可以加深感受的强度，常常促使人们去仔细地推敲空间的大小。处于小空间中几乎总是更令人兴奋，人们既可以看到整体，也可以看到细节，从而最佳地体验到周围的世界。

新加坡的街头市场。世界各地市场摊位之间的距离都是2—3m

在建设新街道时，没有必要直接去模仿威尼斯和其他一些城市的狭窄街道。但它们揭示了这样一个事实，即在我们的现代城市中，许多空间都过于巨大。似乎规划师和建筑师在没有把握时总是强烈地倾向于把空间扩大，以防万一。这反映了他们对于适当处理小尺度和小空间普遍感到拿不准，好像多留些空间才不致误事。

大空间中的小空间

在北欧国家，气候因素给确定户外空间的大小带来了一定困难，由高楼围成的小空间缺乏阳光，会显得阴暗。在南欧，阴凉避光才是理想和舒适的处所，但在北方，光线与太阳却是极有价值的质量。对于阳光和太阳的希冀与人们能聚会其中而大小适中的空间是可以相结合的。台阶式的建筑就是一种可能，另外就是在大空间中创造小空间，有行道树的街道就体现了这一方法的价值。同样，联排住宅前的小院既保证了宽敞、阳光充足的空间，又形成了一种宽窄适度而亲切的街道。

在丹麦的诺勒松比步行街设计中，这一方法同样发挥了作用。为了把一条先前为汽车交通设计的宽阔街道改建为亲切宜人的空间，在重新设计时增添了一系列的棚架，从建筑的

大空间中的小空间

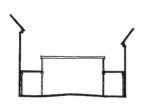

丹麦诺勒松比（Nφrre Sundby）的街道改建成了步行街。为了减少 10m 宽街道的尺度，沿街建起了一系列不高的棚架

窄窄的单元,众多的门,加上住宅单元前大小适中的院子,构成了一种生动而宽窄合理的街道 [帕丁顿(Paddington),悉尼]

立面伸入到街道空间之中。

沿立面的集中或分散

　　立面或相邻区域的设计也可以影响到活动的集中与否以及过路行人的感受强度。这种集中取决于街道与立面之间积极而密切的过渡区以及建筑出入口与其他能活跃公共环境的功能设施之间的紧密联系。

　　立面长但出入口和来访者都不多的大型建筑能有效地使活动分散,而狭窄的立面、众多的门则能起相反的作用,使活动集中起来。

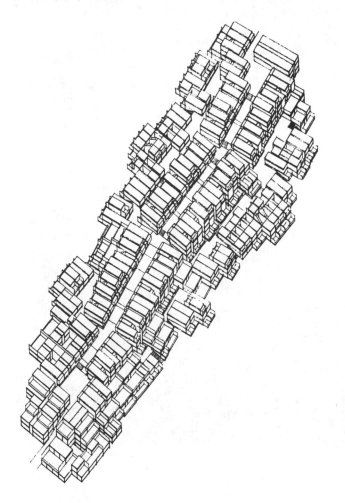

当建筑物较窄，街道长度缩短时，步行距离就会减少，从而促进街头生活［挪威卢拉斯（Rφrås）扩建项目竞赛方案］

狭窄的临街面意味着缩短出入口之间的距离，而出入口正是活动发生最多的地方

沿城市街道立面的集中或分散

在城市街道中，门面的长度应仔细推敲。带有冗长而乏味立面的银行、办公楼和商店产生了无生命的、单调的城市

小，通常是最有效率的。

下图：威尼斯的世界上最窄的商店——45cm 宽的橱窗和 45cm 宽的门

如果要在城市街道中使活动集中而不是分散，就必须让通向大型建筑、商业设施、银行、办公楼的出入口自然地归属于朝向公共区域的立面。

当小型、生动的单元被大型的单元取代时，街头生活就会大大减少。在许多地区都可以看到这样的情形，随着加油站、汽车展销厅和停车场的建立，在城市肌理中产生了许多空洞和间隙，引起街道生活的萎缩。另外，办公楼、银行一类消极单位的迁入也会造成这种情况。

相反，一些精心规划的实例避免了空洞和间隙，大的单元被布置在小型单元的楼上或后面，只有通往各功能设施和最有趣的活动的出入口能在立面上占有一席之地。例如，这种方法就体现在电影院的设计中，只有带票房和广告牌的出入口临街，观众厅本身则隐蔽在后面的什么地方。当银行、办公楼必须放在城市街时，也应采取这种方法。

为了解决立面枯燥和缺乏生气的问题，15 座丹麦城市通过了建筑法令，限制在街面一层设立银行和办公机构。其他丹麦城市允许银行和办公机构建在城市街道上，但沿街立面不得超过 5m，这样做也很成功。

毫不足怪，在所有新建的郊区购物街上，都可以发现使每个单元尽量缩短门面的做法。这是因为步行者一般都不愿走得太远，设计师自然会使用窄窄的立面，以做到在尽量短的街道距离中布置尽可能多的商店。

在建筑物面临人行道和步行街的地方，将窄门面、宽进深的原则与精心利用立面空间结合起来，避免了"空洞"和"被人遗忘的角落"。住宅区也是这样，在许多传统的联排住宅区和一些新近的住宅区中都不乏这种成功的例子。例如瑞士伯尔尼的哈伦住宅区(参见第 86 页插图)和挪威卢拉斯市的扩建计划。

同层集中或多层分散

英国考文垂市中心。步行者倾向于只使用底层

在低层建筑构成的街道，一切都尽收眼底
在高层建筑地区，只有底层在视域之内

同层集中或多层分散

除了上述分散或集中的形式之外，通过高差来实现集中或分散也是可行的。

这个问题很简单，在同一平面上发生的活动可以在感知局限的范围内体验到。根据所看的对象不同,这个范围大约在20—100m 半径之内。在这样的条件下，人们很容易接近各种活动。如果活动发生在稍高的层次上，体验的可能性就大大减少，例如爬到树上就是一种藏身的妙法。

如果活动发生在较低的层次上,问题还不太突出,居高临下常常有很好的视野。但参与和相互作用在心理上和生理上都有困难。威廉姆·H·怀特在纽约市进行的研究[51]清楚地说明了使用抬高了的公共空间的效果:"视线是重要的,如果人们看不到空间,他们就不会使用它。"关于下沉式空间,他写道:"除非有充分的理由，否则开放的空间决不应下沉。除了两、三个明显的例外以外,下沉式广场都是死的空间。"

因此，从原则上来说，试图通过把各种活动置于不同高差的平面上来达到集中的目标并不是好主意。观景高一点可以，但不能将希望集中的活动抬高。如果一定要这样做,结果常常

多层分散(洛杉矶街景)

同层集中或多层分散

在多层建筑物中,只有最低的几层才有可能与地面上的活动产生有意义的接触。在三层和四层之间与地面接触的可能性显著降低。另一条临界线在五层与六层之间,五层以上的任何人和事都不可能与地面活动产生联系

向上看 D

从 D 向下看

向上看 C

从 C 向下看

向上看 B

从 B 向下看

向上看 A

从 A 向下看

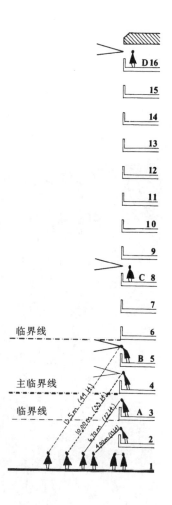

102

会令人失望。因为一条街上相距 50—60m 的功能之间的相互作用,比上下仅差 3m 的功能之间的相互作用要容易得多。

这样的经验应用到低层还是高层建筑的讨论中也是很有意义的。沿街的低层建筑与人的运动和感知方式协调一致,而高层建筑则相反。

同层集中或多层分散 ——"地下通道"与"架空 人行道"

当采用许多平行的道路来取代紧凑的街道系统时,人和活动不合时宜的分散就难以避免,这一点我们已经讨论过了。当综合性的地下步行道网络和各种各样的"架空人行道"建立起来时,同样可以发现不适宜的分散现象。相互穿插的架

沿街的低层建筑与人的运动方式和感官起作用的方式协调一致(新加坡街景)

空步道常常被用于市中心和步行区，但它们是否适于这两种环境是很值得商榷的。

如果有必要集中活动与人群，在加拿大蒙特利尔的三层住宅区就可以找到一个很好的实例。所有的活动和居民由阳台和楼梯引导到底层，并形成了生动而富于激情的街道立面，直接在每户人家的前面创造了户外停留的良好条件。

架空步道和阳台通道分散了人的活动，而户外楼梯则使居民们相聚
上图：苏格兰爱丁堡的住宅区
下图：魁北克蒙特利尔的住宅区

104

综合或分解

多样化的接触"面"

综合意味着各种各样的活动和不同类型的人能够相互融会或并行不悖,而分解则意味着将各不相同的功能或群体分离开来。

在公共空间及其周围各种活动和功能的综合,使人们能水乳交融、互相启迪和激励。此外,各种功能和人群的混合也反映出周围社会的组成情况及其运行机制。

应该指出,综合并不是建筑物和主要的城市功能在形式上的综合,而是在非常细小的尺度上各种活动和人在实际上的综合。它决定了接触面是单调乏味还是丰富有趣。重要的不是工厂、住宅、服务设施之类的功能是否按建筑师的图纸紧密地布置在一起,而是工作、生活在不同建筑中的人能否使用相同的公共空间并在日常生活中建立关系。

综合与分解的规划模式

从各种活动紧密联系、相互交织的紧凑型中世纪城市,到高度分化的功能主义城市这一发展历程表明了通过物质规划综合或分解人群与活动的可能性。

在传统的中世纪城市中,步行街控制了城市的结构。商人和手工艺人、富人和穷人、年轻人和老人都不得不在街上共同生活和工作。这种城市体现了综合型城市结构的优缺点。

同样,功能主义的城市结构反映了分区型的规划,其目标是将不同的功能分离开来。这样,城市被划分成了不同的单一功能区。

单一居民结构的大型连片居民区、枯燥而单调的工业区以及科研中心、大学城一类为单一功能或人群而建的千篇一律的所谓"城市",都是这种单一功能区的例子。

在这些地区,单一的人群、单一的职业、单一的社会集团或年龄组在不同程度上与社会上其他集团隔离开了。

其优点或许是一种较为合理的规划结构,使相近功能之间联系紧密,效率也更高。但其代价是减少与外界的接触以及更单调乏味的环境。

另外一种规划模式则采用较为多样化的规划方针,即逐一对各项功能的社会关系和实际的优点进行评价,只有在集中带来的缺点明显大于优点时,才采用分区的手法。例如,只有很小一部分最扰人的工业活动才不宜与居住区综合在一起。

大尺度上的综合

在大尺度上的精心处理,可以使那些不相互矛盾和干扰的功能组合在一起。

综合型的城市规划就能做到这一点。它是按不同的时期,而不是按不同的功能来确定发展方向或扩展的地区。例如,为1990—1995—2000 年确定发展用地,而不是按住宅、工业和公共设施确定分区。

大学是一座城市——反之亦然

在综合性的城市规划中,可以利用大的功能为许多小单元融会于更广泛的环境创造条件。例如,城市规划可以利用新建大学的机会布置一定数量的住宅与商业设施,形成一种综合性的城市结构——带有住宅和商业设施的大学城。老的、综合性的城市结构至今仍与新的、单一功能的地区并存,使我们有可能去研究这两种规划思想。

哥本哈根大学仍在老城的中心,主楼居中布置,各院、系随着发展的需要而分布在市区 50 余处。城市的街道是这所大学的组成部分,起着内外沟通的作用。

毫无疑义,大学作为一个管理机构,散布于城市之中会带来一系列不利的影响。但这种学校与城市的密切关系为使用城市和参与城市生活创造了无数的有利条件。同时,大学的这种布局也为城市注入了朝气、生命与活力,这是很有价值的。

与此相对应的是"合理"规划的高等教育机构——大学校园。哥本哈根郊区的丹麦技术大学校园就是其中的一例。在这种规划指导下,教育被系统化了,各系之间的联系道路也被合理地组织起来,但在另一方面,这座"城市"里的活动非常之少,许多有意的活动都缺乏基础。校园内仅有很少的餐厅和书报亭,而且所有使用这些设施的人都属于同一范畴:学生和教职员工。

哥本哈根郊区的丹麦技术大学,围绕中心停车场布置

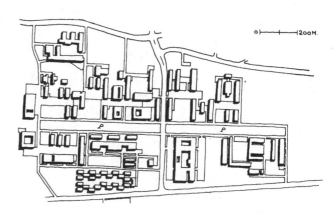

丹麦技术大学校园,总平面1:20000

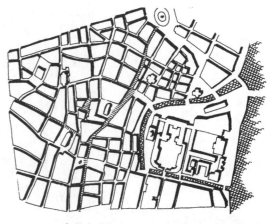

与整个哥本哈根内城区比较,总平面1:20000

小尺度上的综合

单一性的、高度专业化的环境为单一性、高度专业化的技术人才的教育创造了最佳的条件,因为学习环境与广泛的社会之间的日常联系被割裂开了。

抛弃单一功能的分区是综合各种类型的人和活动的一个前提,如果能做到这一点,在中小尺度上的规划设计就成了决定性的因素。

例如,可以将学校布置在住宅开发区的中部,同时用树篱、围墙、草坪使其与周围环境有效地隔离开来。但是,也可以将

如果规划的指导思想是创造城市而不是孤立的、单一功能的地区,将三种城市功能综合在一起就可能形成一座富于生气的城市的基础

图中下左:丹麦国家广播电视中心,1500人在一个由停车场和冷清的草坪围成的区域内从事电视节目的制作与管理工作

图中下右:拥有1500学生的学校和教师进修学院同样也是孤立的

图中上左:停车场和草地环绕的一处有7000居民的高层住宅区

小尺度上的综合

右图：荷兰德龙滕的室内多功能城市中心(建筑师:F·范·克林格瑞)

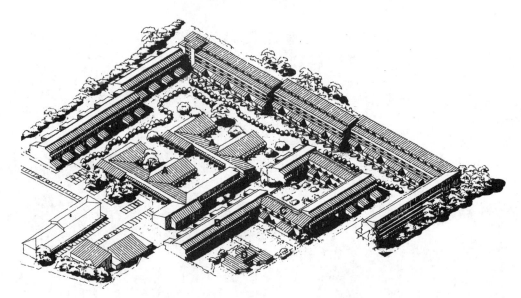

上图和右图：一处综合了年轻与年老组群的新住宅区。400户公寓围绕着老人之家和服务中心(A)，日托中心、幼儿园、青少年活动中心(B、C和D)。〔哥本哈根城市改建区的索尔比约·海佛(Solbjerg Have)，1978—1981年建,建筑师:发拉斯特勒斯图事务所(Faellestegnestuen)〕

学校设计成住宅区中一个有机的组成部分,比如将教室沿城市的公共街区布置,使街道作为联系的通道和游玩的场所,广场上的饭馆同时也是学校的餐厅。这样,城市就成了教育过程的一个部分。商业及其他城市设施也同样可以沿街布置,或者设于公共空间之中。这样,不同功能和人群之间的边界就不复存在了,每一项活动都有机会相互贯通。

建筑师 F·范·克林格瑞设计的荷兰德龙滕 (Dronten) 和艾恩德霍芬 (Eindhoven) 市中心就体现了这种规划思想及其可能性。

市中心成了一处室内广场,设有运动设施、电影银幕、看台、椅子等,使广场可以派上许多用场,与传统的广场毫无二致。

买卖、踢球、政治集会、宗教仪式、音乐会、戏剧、表演、路边咖啡座、展览、游乐和跳舞等都并存于广场之中,与类似的其他荷兰城镇的传统习俗相比, 城镇居民整体参与的水平要高得多。

20 世纪 60 年代兴建了一批单调的多层住宅区,在对它们进行改造的许多项目中,综合也是一个关键。

在瑞典的一个更新项目中,几幢先前的公寓被改造成了轻工业厂房、办公室和老人住宅,以使这一地区更加多样化。

这一综合政策已取得了令人瞩目的积极效果。

起居室——一种模式　　家庭中私密性的起居室也可以作为一种综合各种活动的模式,推广到其他各种尺度上。在起居室中,所有家庭成员可以进行各种活动,而每人各自不同的活动又能融会在一起。

交通的综合或分散　　在公共空间中发生的所有活动中,交通,亦即从一地到另一地的人流与物流,是最综合性的。

在通常的交通模式中,也就是在混合型的街道中,交通被划分为步行交通与机动交通,这显然会导致人和活动的分散和分离。当人流和物流被不同的道路系统进一步分开,每种交通各行其道时,这种分离就更加彻底了。由于大量的人流与其余的城市生活相互隔离,使得驾车、步行以及沿街或沿道路的生活都变得更加枯燥无味。

交通的综合或分散

上图：各种交通分离的模式导致了
单调的步行道和公路系统
下图：如所有的交通都像在威尼斯
那样都靠步行，那么交通与其他活
动分离的情况就决不会出现

如果选择不同的街道系统,可以设想出其他使用小汽车和别的快速交通的方式。

例如,可以将更大一部分的个人旅行从汽车系统转变到由公共交通、步行及自行车系统构成的网络。

综合性交通系统对于城市生活的重要性可以从那些以步行交通为主的城市中得到验证。

在欧洲的一些老城,交通和城市生活一直没有被划分为机动与步行交通。意大利的许多山城、南斯拉夫的阶梯式城市、希腊的岛城、威尼斯水城等都是如此。威尼斯在步行城市中占有特殊地位,因为它规模最大,有 10 万居民,而且它也是这类城市中设计最周密、最完善的一个范例。

在威尼斯,大量的货物运输依靠运河来进行,而步行系统仍然起着城市主要交通网络的作用。

这里,生活与交通在同一场所并行不悖,既是户外活动的空间,又是联系的中枢。在这种条件下,交通不会带来安全问题,也不会产生废气、噪声和尘土。因此,完全没有必要将工作、休息、进餐、玩耍、娱乐与交通分离开来。

威尼斯是一个扩大到城市尺度上的综合性起居室。

这种情况说明了为什么文明的威尼斯人在赴约时总是迟到。因为在他们步行穿过城市时,不可避免地要遇到朋友和熟人,或者停下来瞧瞧什么。

在城市外围转换为慢速交通

威尼斯的交通原则是在城市的外围使快速交通过渡为慢速交通,而不是像大多数使用汽车的城市多年形成的惯例那样,汽车驶到门前才减速。

把汽车停在城市外围或住宅区边缘,然后在邻里单位中步行 50—100—150m 到家,这一原则在最近的欧洲住宅新区中越来越常见。这是一种积极的发展,它使得地区性的交通再次与其他户外活动综合起来。

在步行条件下综合地区性交通

努力在步行条件下综合地区性的机动交通也是一种积极的发展。这一方法最先在荷兰兴起,建筑师对一些地区进行了设计或改造以适应慢速的机动交通。

在这些"乌纳夫"(Woonerf)地区,允许小汽车直接开到前

四种交通规划模式

洛杉矶

依赖快速交通的综合性交通。交通系统简单、快捷，但安全性低。街道除汽车而外，别的一切都无法使用

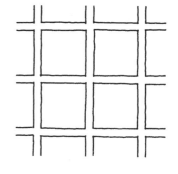

拉德本（Radburn）

新泽西州的拉德本 1928 年引入了分离式的交通系统。这一复杂、昂贵的系统有许多平行的公路、人行道和许多花费巨大的地下通道。对居民区的调查表明，这种方法在理论上似乎能改善交通，但在实际上却行不通，因为行人总是选择较短的路径，而不是更安全，但更长的路径

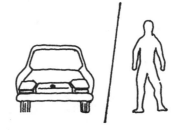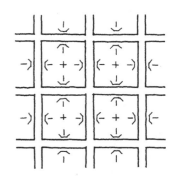

代尔夫特（Delft）

依赖慢速交通的综合性交通。1969 年引入了一种简单、直截了当而安全的系统。这种系统把街道作为最重要的公共空间。当小汽车必须驶到屋前时，这种综合性的系统优于前两种

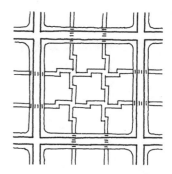

威尼斯

步行城市。从快到慢的交通转换在城市或区域的外围进行。这是一种简洁明了而又有相当高安全水准的交通系统，比其他系统有更大的安全感

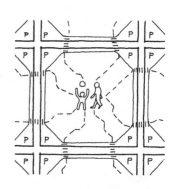

在小汽车必须驶到屋门口的地区，荷兰的"乌纳夫"方法是最佳的方案，即街道适合于慢速汽车、步行者和自行车。这些街道经过仔细的设计以表明它们完全是"软交通"区域。通过弯道和其他的限制措施，进一步降低了交通速度。

右图和下图：为改建为"乌纳夫"街道前后的荷兰街区

门，但街道明确设计成步行区，小汽车只能在确定的逗留及游戏区域之间缓慢行驶，小汽车在步行者的领地中是客人。

　　这种在步行条件下综合机动交通的概念比起分离型的交通方式有显著的优点。尽管完全无汽车的区域交通安全的程度更高，并且能为户外逗留及步行交通提供更好的条件，从而得到最佳的解决方案，但这种荷兰式的交通综合方式在许多情况下提供了另一种极为可行的选择——第二号最佳方案。

交通与户外逗留的综合

　　无论住宅区的建设是根据威尼斯原则,使快速和慢速的交通在城市外围过渡,还是根据荷兰的"乌纳夫"原则,为慢速汽车以及自行车和步行交通创造多功能的街道,都必须努力使交通和与户外逗留有关的活动综合起来。

　　当步行或汽车交通以慢速行进时,就没有理由要求将停留、玩耍的区域和交通区域分隔开来。在大多数情况下,出入家门的交通是住宅区所有活动中最广泛的活动。因此,有必要将尽可能多的其他活动与交通综合起来。对于走动的人群,游戏的儿童以及住宅附近进行各种活动的人来说,交通综合的政策将会使不同的活动相互启迪,相得益彰。

　　许多活动,如玩耍、户外逗留、交谈等,都始于人们实际参与其他事情的时候,或者始于到某处去的途中。

　　户外逗留与走动并不是两类明确区分的活动,它们之间的界线是灵活的。同一个人可以参与到这两种活动之中。

　　不同种类的活动都有一个强烈的趋向,只要条件允许,它们就会相互靠拢。

吸引或排斥

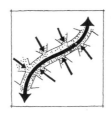 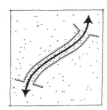

吸引或排斥

城市和住宅区中的公共空间可以是富于吸引力并且易于接近的，以鼓励人和活动从私密走向公共环境。相反，公共空间也可以设计成生理上和心理上都难于出入其中的场所。

吸引——公共与私有地域的平缓过渡

公共环境是吸引还是排斥牵涉到如何处理公共环境与私有环境的关系，以及如何设计这两者之间边界区域的问题。

在多层住宅区中可以发现许多唐突地划分边界的例子。人们要么在完全私有的户内领地，要么在外面的楼梯、电梯或者街道一类的公共处所。这样，如果不是必要，人们在许多情况下都难得进入公共环境。

柔性边界是一种既非完全私密，又非完全公共的过渡区。它们常常能起到承转连接的作用，使居民和活动在私密与公共空间回旋时在生理上和心理上都更加轻松自如。后面的章节(参见第187页)将详细讨论这一极为重要的细节。

吸引——能看到正在发生的一切

能够目睹公共空间中随时发生的事情也是一个吸引人的要素。

如果小孩能从他们的家中看到街道或游戏场，他们就会关心正在发生的事情，并看清谁在外面玩耍。与那些住得太高或太远而不能看到外面情况的孩子相比，激起他们出去玩耍的机会要多得多。

无数例子说明，在成人的活动中也可以发现目睹的机会与参与的欲望之间的这种关系。有临街窗户的青年俱乐部和社区中心就比在地下室的俱乐部拥有更多的成员。因为路过此地看到当时的情景和参加活动的人，就会激起投入其中的

吸引——室内外空间的平缓过渡

公共与私密空间之间的逐渐过渡极
大地有助于人们投入或保持与公共
空间生活和活动的密切接触

上图:联排住宅前的半私密性前院
右图：高层住宅区内只供底层用的
逐渐过渡区
下图：极富魅力的街道［加拿大魁北
克的圣保罗湾(Saint Paul Baie)］

激情。商人们也都知道必须将商店设于人们路过的地方,并使展示橱窗朝向大街。同样,路边咖啡座也是一种直接吸引人们小憩的安排。

吸引——短捷而方便的道路

吸引力的问题也和私密与公共环境之间短捷而方便的道路联系有关。许多例子表明,人与人之间以及各种功能设施之间的距离、道路的质量和交通联系方式,都是重要的影响因素。

年幼的儿童很少走离家门 50m 远, 即使在这一小小的范围内小孩们也可能各自玩耍。他们更多地与邻居的小孩而不是住得稍远的小孩在一起游戏。

家庭一般也是经常与住在附近的朋友见面,而见到住得较远的熟人的机会就少得多。当人们居住得很近时,"串门子"一类的非正式交际情形就起着更大的作用,并对其他形式的交往产生积极影响。

就公共图书馆而言,距离与书籍出借之间也存着直接关系。住在距图书馆最近的人以及最方便来图书馆的人借的书也最多。

动机的转移——外出的借口

人们对交往的需求,对知识的需求,对激情的需求等,都可以部分地在公共空间中得到满足。这些需求都属于心理需求的范畴。满足这类需求很少像满足吃、喝、睡一类更基本的生理需求那样有目标、有计划地去做。比如成年人都很少抱着满足对激情或交往这类需求的明确意愿而进城去的。无论其真正的目的是什么,人们总是以某种似乎真实而合理的借口而外出的,如购物、散步、呼吸新鲜空气、买报纸、洗车等等。

也许把外出购物说成是寻求交往或激情的借口是不适宜的,因为很少外出购物的人承认对于交往和激情的需求在他们的购物计划中起任何作用。事实上,在家工作的成年人比外出工作的人花费在购物上的时间平均要多上 3 倍。尽管每周购物一次或许更加方便,但实际上外出购物在一周内是均匀分布的。这些都使我们断定,许多日常的购物活动并不仅仅是获得补给的问题。

　　尽管有许多游乐设施和奇妙的东西在吸引着孩子们，但游戏场基本上是孩子们集散的地方。游戏场为孩子们提供了一块可去之地，游乐设施则为独自等待别的孩子来临并开始更有趣的活动提供了打发时光的条件

基本的生理和心理需求可以同时得到满足，并且基本的、易于确定的需求常常能解释和促成两方面的需求得到满足，这是一种普遍规律。就外出购物来说，它既是出去买东西，有时也是一种寻求交往与激情的借口。

吸引——有地方可走

这种动机的相互交织强调了公共环境中人们出行目标的重要性，它们是那些每个人都会很自然地去寻觅的事物或场所，能吸引和促成居民外出活动。外出活动的目的地可以是特定的场所、观景点、看日落的地方，也可以是商店、社区中心、体育设施等等。

在村落社会中，公共水井和洗衣房对于非正式交往起着极为重要的促进作用，外出的托词也因此有了约定俗成的规矩。例如，在圣维托里诺·罗马诺镇(参见第88页)，几年以前水桶还留在井边，如果有人想与前来取水的人攀谈几句，总是可以用"出去打桶水"为借口。

在南欧，人们到酒吧去是为了喝上一杯，但也是为了见见朋友。在世界其他地区，酒馆、杂货店、咖啡吧都同样起着吸引人们外出的作用，并使外出有适当的托词。

在新建的住宅区中，邮筒、报亭、餐厅、商店和体育设施都为人们投入到公共环境之中提供了适当的理由。

对孩子而言，游戏场是谁都会去的地方。实际上，这种作用是游戏场最重要的功能之一。尽管大多数游戏场使用率有限，孩子们在大部分户外活动时间中是在游戏场以外的地方玩耍，但游戏场能使儿童们聚集在一起，开始另外的活动，这是很重要的功能。

无论有无别的孩子在外面玩耍，孩子们总是要去游戏场，并总是要活动一下，这就是一个开端。

吸引——有事可做

孩子们把游戏场当作一个好去处，使用那里的游乐设施直到别的事情出现。对于其他年龄组来说，庭园及园艺活动也能很好地达到同样的目的。

天气良好，在户外逗留一会儿令人十分惬意，这时干点园艺活是很有意思的。如果庭园位于人们路过的地方或者可以看到其他活动的地方，那么在庭园里的劳作就常常与其他的

有事可做。
上图：英国多层住宅区中的微型花园
下图：丹麦某住宅区中的道路保养日，男女老少全体出动。集体活动常常以邻居聚餐结束

娱乐性和社会融为一体了。

一项对前庭活动进行的深入研究 [21] 表明，在许多情况下，修整庭园本身既是目的，也是呆在户外的一个借口，两者微妙地结合起来了。显然，许多人——不只是老年居民——修整庭园所花的时间比任何单纯出于园艺目的所用的时间要多得多。

在住宅区中，不仅要有散步、小憩的条件，而且还要有进行各种活动的场所，让人们有事可做，这一点是非常重要的。此

如果有事可做，过后便有话可谈。必要的、自发的和社会性的活动就以无数种微妙的方式交织在一起

外,如果有可能将削土豆皮、缝纫、修理、小制作、用餐一类琐碎的日常家务活动移出到公共空间之中,还可以获得更令人满意的效果。

如为修理、业余爱好、备餐、用餐之类的日常家庭活动移到公共空间创造条件,户外活动就会极大地丰富
上图:北多伦多住宅
下图:纽约布鲁克林住宅

开放或封闭

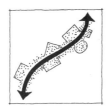

开放或封闭

通过人的观察和感受,使公共环境中的各种活动与毗邻的住宅、商店、工厂、车间和公共建筑中的各种活动融会贯通,就能从两个方向大大扩展和丰富体验的可能性。

建立一种双向的体验交流不仅是一个玻璃和窗户的问题,也是一个距离的问题。人类感知的局限对于确定事物的开放与封闭起着重要作用。

开有大窗户,但从街道后退10—15m的图书馆,与窗户直接朝向大街的图书馆就体现了两种不同的情形。前一种情形只能看见一幢开着窗户的建筑物,而后一种情形则能看到一幢使用中的图书馆。

通常的规划方针

在新建筑和城市改造项目中,很少有活动与功能在视觉上是沟通的,这种现象非常突出。

许多活动都是封闭的,这在很大程度上是由于游泳池、青年之家、保龄球场以及候车室等一般都是封闭的。

在其他一些情况下,对于效率的关注似乎起了重要作用。学校的学生不能看见窗外,外面也不会看到他们,以避免干扰;考虑到生产力的因素,工厂的工人只能在日光灯下和经仔细挑选的公共广播系统的音乐环境中工作;而高层建筑中的办公人员能看见云彩却看不见街道等等。只是在开放和通达能直接有助于促销的地方,才会将商品,以及在必要时将人的活动呈现出来。

另一种规划方针

在大多数情况下,无论是有意还是无意地将人和活动隔离开来都是值得商榷的。应该提倡根据不同情况具体分析开放

住宅区中的开放或封闭

上图:"我的家就是我的城堡"并不是夸张

下图:在新建的斯堪的纳维亚住宅区,建筑师以极大的努力去开放住宅,并通过阳台、前院和玻璃内廊将影响和监视的范围扩展到了进出通道[哥本哈根西贝柳斯帕肯(Sibeliusparken),1984—1986年建,建筑师:发拉斯特勒斯图事务所]

与封闭的优缺点。仔细地权衡开放与封闭常常是很必要的。

例如,能从退休老人住宅或者医院看到公共空间的活动肯定是有好处的,但反过来则大谬不然;托儿所的一部分房间或许应朝向大街,但别的房间却不行;公共游泳池和羽毛球场可以布置在低于街道标高的地方,这样,由于窗户相对于室内地面较高,隔窗观望的人就不会干扰这些活动等等。

"私有化"的公共生活

购物拱廊、室内庭院、广场和其他的所谓"公共空间"的数量急剧增加，冲淡了邻近公共街道和广场的生活。名为"公共"，实际上是私人所有，管理十分严格

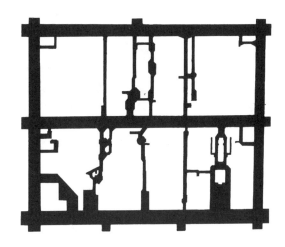

"私有化"的公共生活

最近几年中，在私有建筑群和商业区等处设立似是而非的公共空间已成了一种明显的趋势，例如横穿都市街区的私有购物拱廊、地下街系统以及旅馆中巨大的室内"广场"等。

从地产开发商的角度来看，这种趋势可以创造出非常有趣的景观，但从城市的角度来看，它们会导致人群的分散，把人和活动有效地封闭起来。公共空间由于无人光顾而失去其诱人的魅力，城市因而变得冷清、乏味和危险。如果这些功能不被封闭起来，就会使许多公共空间与城市融会成一个整体。

内部：一处精致的室内广场，提供
各种特选的公共生活
外部：一堵面向城市的光墙
　　　(洛杉矶，旅馆综合体)

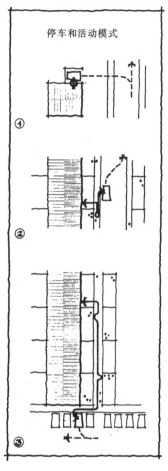

停车和活动模式

①

②

③

如果确有必要将私人汽车驶到家门，公共空间中的活动一般都会大大减少

在汽车停在较远处而不是紧靠建筑的住宅区中，穿过街坊进出汽车成了每次出行的一个重要而令人愉快的组成部分

1. 当汽车停在门口时，街上只有汽车

2. 当汽车停在路边时，街上就有人和车，邻里间也就有更多交往的机会

3. 当汽车停在道路尽头时，步行交通就取代了机动交通

（摘自墨尔本街头研究[21]）

交通公共化或个人化

随着步行交通转变为机动交通，漫步街头观察往来行人和各种活动的机会受到很大影响。

在步行城市中，人们在自己的城市里来往自如，而在汽车城市中街上只有汽车。车中虽然也有人和活动，但从人行道上看，这一景象非常零乱和短暂，使人无法看清车中的人和事，人的运动变成了汽车交通。尽管如此，众多的汽车、运动、变化以及转瞬即逝的人群还是会产生某种吸引力，沿街的座椅、交叉路口的观望者就证明了这一点。许多人也宁愿沿交通繁忙的大街行走而不愿在冷僻的小径上散步。但是，观看汽车的兴致是有限的，只是在那些周围没有别的东西值得一看的地方才会出现这种现象。比较一下有广场和没有广场的意大利城市，就可以说明这一点。如果有功能完善的广场，人们就会在那里相聚；如果没有广场，也就没有了城市生活，交叉路口周围便成了聚会的场所，在那里至少还有一点东西可看。

与这种情形相反的仍是威尼斯一类的步行城市。在这些城市中，可以体验到人和货物的流动，这对于观察和了解城市的构成和运转是很关键的。当新婚夫妇离开教堂时，他们不是钻进黑色轿车，而是在婚礼嘉宾的簇拥下继续步行穿过城市；音乐家们上班时，携带着自己的乐器走过闹市；盛装的人们赶去参加晚会或看戏，也总是步行。

新近建成的一些住宅区把停车场安排在距住宅100—200m处，这对于改善公共交通是很有价值的。在这些地区，街道上的行人和娱乐活动都有增加，为街道平添了魅力，也为邻里间经常性的、非正式的见面创造了条件。采用开放式的交通，而不是将交通封闭于汽车之中，或隐匿于分散的道路系统以及地下通道和停车场中，还可以达到减少破坏公共设施和犯罪危险的积极效果。

第四章

步行空间·逗留场所·细部规划

步行空间——逗留场所

空间利用频率是一回事，更重要的是如何使用它们

先前的章节讨论了在时间和空间上集中人群和功能设施的措施，以及通过城市和小区规划综合、吸引和开放各种活动，而不是将其封闭起来的方法，主要涉及活动发生的多寡，亦即有多少人实际使用公共空间。但是，活动的水平及数量本身并不能说明公共环境的质量。

人和活动在时间和空间上集中是任何事情发生的前提，但更重要的是什么样的活动得以发展。仅仅创造出让人们进出的空间是不够的，还必须为人们在空间中活动、流连，并参与广泛的社会及娱乐性活动创造适宜的条件。

因此，户外环境的每一部分都起着关键的作用，从每一处空间的设计直至最小细部的处理都是决定性的因素。

户外活动与户外空间质量

如前所述，户外空间的质量对于各种户外活动，尤其是大量娱乐性、社会性自发活动的影响是非常大的。户外空间质量的改善为这些活动创造了有利的条件。

相反，户外空间质量的恶化则会导致这些活动趋于消失。

这一节讨论的主题不是活动的数量，而是户外生活的特点与内容。我们应该认识到，那些对于公共空间中的人特别有吸引力和意趣的活动，也正是那些对于物质环境质量最敏感的活动。

在小尺度上改善质量的努力

在城市和小区层次上的决策为创造功能完善的户外空间奠定了基础。但是，只有通过在细部规划设计层次上的精心处理，才能发挥其潜力。如果这一工作被忽视了，这种潜力就会被浪费掉。

户外空间的质量取决于细部的精心处理

经过精心的细部处理，户外空间就能起到积极的作用而受到欢迎。如果细部处理粗糙甚至漠然置之，就注定会失败

左图：英国米尔顿·凯尼斯（Milton Keynes）住宅区
下图：瑞典桑维卡住宅区（建筑师：拉尔夫·厄斯金）

下面几节将详细讨论一系列对于户外环境的质量要求。有些是一般性的要求,另一些则是与散步、停留、小坐以及观看、倾听和交谈等简单、基本的活动有关的特殊要求。

这些基本的活动被用作为起点是因为它们是几乎所有其他活动的一部分。如果空间使散步、停留、小坐、观赏、倾听、交谈等成为乐事,这本身就是一种重要的质量,而且还意味着更加丰富多彩的其他活动——游乐、体育运动、公共活动等——有一个良好的发展基础。这一方面是因为各种活动都有许多相同的环境质量要求,另一方面也是由于更大型、更复杂的社区活动都是自然而然地从许多细小的日常活动中发展起来的。也就是说,众多的细小活动促进了大型的活动。

儿童、成人和老人

儿童对于户外环境的特殊要求可以结合其他年龄组的要求一道考虑。下面将着重讨论一般性的质量要求,以及成人和老人对于户外空间的要求。

这样的秩序安排是因为迫切需要对这些年龄组的户外活动及要求进行研究。此外,对成人及老人户外活动的支持本身,也就是对儿童活动和他们成长环境的最好支持。

步行

步行

步行首先是一种交通类型,一种走动的方式。但它也为进入公共环境提供了简便易行的方法。一个人一次步行外出可能兼有公务、观光或散步的目的,也可能分三次去做这些事。

步行活动常常是一种必要性的活动,但也可能仅仅是一种进入活动现场的托词——"我只是打这儿路过"。

所有步行交通的共同特点从生理和心理的角度决定了对物质环境的一系列要求。

步行的空间要求

步行需要空间。使人们不受阻碍和推搡、不太费神地自由行走是基本的要求。问题是如何确定人们对于步行过程中所遇到的干扰的忍耐程度,使空间既十分紧凑,给人以丰富的体验;又有足够的回旋余地。

不同的人,不同的组群以及在不同的场合,对于空间的宽容和要求有着很大的不同。通过观察希腊北部约阿尼纳城(Ioanninna)广场上传统的晚间散步,就可以揭示出这种关系。

在下午结束时分,散步开始之际,参加的人数并不多,主要是带孩子的父母和老人,他们在广场上四处遛跶。

随着夜幕降临,来的人逐渐增多。这时小孩和老人便先后离去。然后,随着人越来越多,许多中年人和其他一些人也开始离开这片喧哗之地。待到天已黑尽,广场上最热闹之时,实际上就只有城中的年轻人仍聚集在广场上游玩。

街道的尺度

在拥挤程度可以自由确定的情况下,双向步行交通的街道和人行道上可通行密度的上限大约是每米街宽每分钟通行10—15 个人, 相当于在 10m 宽的步行街上每分钟通行约

100 人左右的人流。如果密度继续增加，就可以观察到步行交通明显地趋于分成两股平行的逆向人流。当步行者最后不得不靠街道右边才能通行时，活动的自由就受到了一定的限制。人们就不再能照面，而是一个挨一个在行列中行进。这种状况显然太拥挤了。

如果人流有限，街道就可以紧凑一些，老城中的一些小巷就像家中的过道一样，宽不过 1m。而乡村小径则很少宽过 30cm。

"带轮的"步行交通

婴儿车、轮椅、购物小车等"带轮的"步行交通对空间有特殊的要求。考虑到这种类型的交通，需要比通常情况更宽敞的尺度。

当哥本哈根的主要大街斯特鲁格特（Strøget）从由机动交通与拥挤的人行道构成的混合型大街改建为步行街时，步行面积拓宽了四倍，这说明了婴儿车交通对于空间的要求。在头一年，步行者的人数增加了约 35%，而婴儿车的数目增加了 400%。

铺装材料与路面条件

步行交通对于路面铺装材料是相当敏感的。卵石、砂子、碎石以及凹凸不平的地面在大多数情况下都是不合适的，对于那些行走困难的人更是如此。

一般地说,恶劣的路况对于步行交通也有不利的影响。人们总是尽可能绕开潮湿、滑溜的路面,避免踩到雨水、积雪和泥泞。在这种条件下,行动困难的人更觉得特别不方便。

步行距离——实际距离与感觉距离

从体力上来说,步行也是有条件的。大多数人能够或者乐意行走的距离是很有限的。

大量的调查表明,对大多数人而言,在日常情况下步行

实际的距离与感觉的距离

人们乐意步行多远受主观因素影响
很大。线路的质量与实际长度同样
重要

400—500m 的距离是可以接受的 [6]。对儿童、老人和残疾人来说,合适的步行距离通常要短得多。

在特定条件下,确定适当距离的关键不仅是实际的自然距离,更重要的是感觉距离。看上去平直、单调,而且毫无防护的一段 500m 小道会使人觉得很长、很枯燥。但是,如果这段路程能给人各种不同的感受,同样的长度就会使人觉得很短。例如街道可以稍有曲折,使空间更加紧凑,行走的距离就不会一目了然,从而为步行创造出良好的外部条件。

因此,合适的步行距离不仅与街道的长度有关,而且与道路的质量有关,包括道路的防护情况以及道路给人的感觉。

步行的线路

步行总是一件费力的事情,步行者自然会选择他们的线路。

人们都不愿绕道太多,如果可以看到目标,他们总是径直走向那里。

人们在步行时都爱抄近道。只有在遇到危险的交通、难以逾越的障碍等很大困难时,才可能改变这种情况。

大量的观察表明,人们走捷径的愿望是非常执著的。

对哥本哈根的一处广场进行的调查(参见第 142 页)发现,步行者总是以对角线穿过广场,尽管这样走要经过广场中心的下沉区域和两段不长的踏步。在锡耶纳的坎波广场也观察到了类似的情况(参见第 44 页),虽然在 135m 的路程中要先向下走 3m 的斜坡,然后再向上走 3m,但步行者仍愿意走捷径。

在有机动交通的街道,人们依然倾向于走捷径而不是走安全的线路。只有在交通非常繁忙、街道非常宽或者人行横道的设置非常合理的地方,人行横道才会得到有效的使用。

繁忙的机动交通、各种各样的障碍以及穿过街道的困难综合在一起,造成了许多不必要的迂回和对步行交通的不合理限制。

哥本哈根市中心的新皇家广场的情况就说明了这个问题。

步行者只能在广场的外沿以及空间中许多大大小小的安全岛之中活动。

今天,这一广场的步行景观由 48 个步行者可以行走其间

哥本哈根一处广场的步行线路记
录。几乎每一个人都沿最短线路
穿过广场，只有推自行车和婴儿
车的人绕过下沉区域

城市规划人员偏爱的直角并不为步
行者所认可
中左图：荷兰住宅区
左下图：凡尔赛皇家花园中的捷径

的安全岛构成，与老照片中看到的情形形成了鲜明的对比。先前的步行者可以自然而轻松地从各个方向穿过广场。

步行距离与步行线路

当去远处目的地的路程一览无遗时，步行就会索然无味；但是，如果看得见目的地而又不得不绕行，则更令人扫兴和不悦。联系到实际的规划，就要求仔细地设计好步行线路。线路设计不要让步行者看到远处的目标，但又要保持大方向朝着目的地。此外，在看得见目的地时，应该遵从短捷的原则，选择最直接的线路。

1905 年哥本哈根新皇家广场的步行景观

1971 年哥本哈根新皇家广场的步行景观，步行者被限制在 48 个"步行者之岛"中

开敞空间中的步行线路

当步行线路位于开敞空间边缘时，步行者就可能欣赏到两边最好的景致：一侧给人以亲切、强烈和详尽感受；而另一侧则可以纵览整个开敞空间。位于开敞空间当中的线路常常既看不到细节也没有开阔的景色

适合步行的空间　　　　　　对功能完善的步行系统的最重要的要求之一，就是在一定区域内的自然目的地之间按最短距离组织起人流。但是,在主要的交通规划问题解决之后，如何在网络中布置和设计每一条连线，以使整个系统具有更大的吸引力就变得非常重要了。

空间的连续　　　　　　　如前所述,应力求避免漫长而笔直的步行线路。蜿蜒或富于变化的街道可以使步行变得更加有趣，而且弯曲的街道比笔直的街道通常在减少风力干扰方面也有好处。

　　　　　具有变幻的街道空间和小型广场的步行网络常常能产生一种心理作用，使步行距离似乎变短了，步行的路程被自然地划分成若干很轻松就走过的阶段。人们关注于从一个广场到另一个广场的运动，而不是步行距离究竟有多长。

　　　　　当步行路线穿过建筑物之间时，街道剖面的尺度就应该与预期的使用者的数量相协调，使步行者进入一个亲切而明确的空间，而不至于在一个巨大的、半空旷的地区"漂泊"。当有些路线的剖面略窄时，可以就势创造出一些有价值的空间对比。如果街道为 3m 宽，那么 20m 宽的空间在对比之下就成了一个广场。

　　　　　当采用小空间穿插，即在大小空间之间形成连续与对比时，就大大提高了体验大空间的质量。但是，如果从整体上看要使规划保持宜人的尺度，就要求小空间是真正的小空间，否则大空间就会变得大而无当。

开敞空间中的步行线路　　　　经过大空间时，横穿开阔的空地或走进空间的中心一般都不太自在，而沿空间的边缘行走既可以体验到大空间的尺度，又能欣赏到街道或空间边界的细微末节，令人赏心悦目。行人得到的是两种不同的体验而不是一种：一边是旷野或广场，另一边则是近处的森林边缘或建筑物的立面。在晚上或在不好的天气，能够沿着有防护的立面行走，更有其额外的优点，这也是一条规律。

　　　　　在许多南欧的城市广场，可以发现人行道沿大空间边界布置这一原则特别完美的表现形式。在那里，步行交通在广场边缘的低矮拱廊之中穿行而过，使人们能在亲切宜人的空间中漫步而毫无风雨侵袭之虞，从柱子之间还能以最好的角度欣赏到大空间。

另一个极端是住宅区中所谓"绿带"内的许多小径,它们位于空间的中部,两侧没有任何"景致"。

不同的高差

与迂回绕行一样,高差的变化也会给步行者带来很大麻烦。上下大起大落是很费力气的,并打乱了步行的韵律。

因此,人们总是试图绕开或避免高差变化。在已提及的哥本哈根广场(参见第 142 页)和锡耶纳的坎波广场这两个例子中,高差变化的不利因素被迂回的长度所抵消,但在其他一些高差变化更大、更难以应付的情况下,人们就宁愿选择不太长的迂回或冒更大的风险而不愿爬上爬下。

瑞典隆德技术大学的奥拉·法格尔马克(Ola Fägelmark)在一条交通繁忙的大街上,对从街道一侧的一个公共汽车站到对面购物中心的人流进行了分析研究。这里有三种可能的选择:一是绕道 50m 经人行横道过街;二是直接横穿街道;三是经两段台阶穿过人行地道过街。如果 83% 的行人选择绕道经人行横道过街;10% 的行人直接横穿街道,只有 7% 的人选择地道和台阶。在步行交通被导向过街天桥的情况下,总是需要竖起栅栏迫使行人使用天桥。

多层的市中心和购物街在使用上的不便也说明步行者不愿意离开简单的水平交通,除非能为他们提供便捷的自动扶梯。在百货商店,一楼的顾客总是比其他楼层的顾客要多。

类似的问题也存在于多层住宅,楼梯常常体现为一种实际上和心理上的障碍。人们往往不假思索地在同一层的房间之间走动,却不愿到楼上或楼下的房间去,在多层住宅中,很难保证各楼层都得到同样的合理使用,通常最底下一层使用得最频繁。一旦下楼之后,人们就不愿意再上去。在住宅的楼梯附近总是堆积着很多东西,期待着"有朝一日"把它们搬上去或搬下来,这一点就很典型地体现出楼梯是一种障碍。

高差的变化带来许多困难。在户外空间最好完全避免高差,万不得已的情况下也要处理好高差之间的联系,使其尽可能便捷,使人乐于使用。

创造适宜的水平联系的一般原则,同样也可应用到设计方便的竖向联系之中,重要的是这种联系应使人觉得轻松自

台阶

如，避免造成额外的困难。短而平缓的上下坡就比长而陡的坡道要好走一些；一段长而陡的台阶使人望而生畏，而由休息平台联系的一系列短小梯段就像有小广场的街道一样，使人在心理上觉得轻松一些。罗马的西班牙式台阶就完美地体现了这一原则。

如果要将步行交通从一个平面引向另一个平面，开始时向下走动比一开始就向上爬要容易些。因此，最好采用地下通道而不是天桥，至少人们可以以向下走作为开头。但是，如果要以这种方法来解决交通问题，最好尽可能平缓地将人流引向机动交通的上方或下方，例如采用坡度不大的拱桥或便利的地下通道,使步行的方向和节奏都不致被打断。

坡道

规划设计人员比行人更钟爱台阶和
踏步

左图：德国奥斯纳布吕克
(Osnabrück)园林建筑学院中的花园
小径

下图：斯洛伐克的日利纳市 (Zilina)
台阶与坡道之间的自由选择

坡道与台阶

在步行交通必须上下起伏时，相对平坦的坡道一般比台阶要好。

在斯洛伐克的日利纳 (Zilina) 的市中心，步行者可以在使用坡道和台阶之间作出选择，坡道显然比台阶更受欢迎。在许多类似的场合，坡道都同样吸引人，因为步行的节奏不会受到太大影响。坡道也便于人们更方便地使用婴儿车和轮椅。

综上所述，步行交通和高差变化的主要原则是尽可能避免高差，在不得已要引导人流上下时，也应采用坡道而不宜采用台阶。

驻足停留

驻足停留　　　　　　与驻足停留对物质环境的要求相比，步行和小坐的要求更多，也更具综合性。但由于站立活动非常清楚地体现了公共空间中大量静态活动的一些重要行为模式特征，因此，有必要对其进行全面的考察。当然，能在公共空间中驻足是重要的，但关键词是停留。

暂停　　　　　　　　大多数站立活动都有一个明确的功能特征，如停下来等红灯、驻足观望或者做点别的什么事。这一类非常简单的停留受物质环境的影响不大，行人只是在遇到阻碍的地方，在沿街的门面或其他必须停留的地方才会停下来。

停下来与人交谈　　　停下来与人交谈在一定程度上也属于必要性活动一类。当熟人见面并在相遇之处寒暄时，就形成了一种交谈的态势。从原则上讲，这是一种必要性的活动，因为避免与一位很熟悉的人打招呼是不礼貌的。由于没有人事先知道交谈的长短，并且参与者也不可能建议把会见移到一个更为合适的地方，因此，在人们相遇的任何地方都可以看到交谈的人群，例如在楼梯上、在商店门前，或者在一个空间的中心等等。这类交谈似乎与时间与空间没有多大关系。

停留一段时间　　　　较长一点的停留有另一套规律。无论是在短暂的非礼节性的停留处，还是在真正的功能性停留这一类活动发生的地方，如果有人停下来等着干某件事或见某个人，或者欣赏周围的景致和各种活动时，就存在着找一处好地方站一会儿的问题。

逗留区域

右图：意大利阿斯科利皮切诺
省（Ascoli Piceno）的城市广场。
驻足停留的人倾向于沿广场边
缘聚集。靠门面处、门廊之下、
建筑物的凹处和紧靠柱子的地
方都能发现驻足停留的人

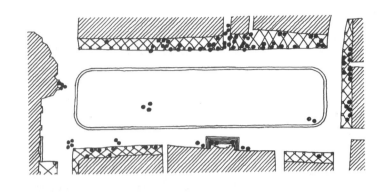

下图：逗留在阿斯科利皮切诺
省的城市广场和苏格兰阿伯丁
大学的人群

152

逗留区域——边界效应

受欢迎的逗留区域一般是沿建筑立面的地区和一个空间与另一空间的过渡区,在那里同时可以看到两个空间。在对荷兰住宅区中人们喜爱的逗留区域进行的一项研究中,心理学家德克·德·琼治(Derk de Jonge)提出了颇有特色的边界效应理论[25]。他指出,森林、海滩、树丛、林中空地等的边缘都是人们喜爱的逗留区域,而开敞的旷野或滩涂则无人光顾,除非边界区已人满为患。在城市空间同样可以观察到这种现象。

边界区域之所以受到青睐,显然是因为处于空间的边缘为观察空间提供了最佳的条件。爱德华·T·霍尔在《隐匿的尺度》[23] 一书中进一步阐明了边界效应产生的缘由。他指出,处于森林的边缘或背靠建筑物的立面有助于个人或团体与他人保持距离。

人站在森林边缘或建筑物四周,比站在外面的空间中暴露得要少一些,并且不会影响任何人或物的通行。这样,既可以看清一切,自己又暴露得不多,个人领域减少至面前的一个半圆。当人的后背受到保护时,他人只能从面前走过,观察与反应就容易多了。例如,在个人领域受到不适当的侵扰时,就可以用严峻的面部表情表示不悦。

活动生长于向心的边界

边界区域作为逗留的场所在实际上和心理上都有许多显而易见的优点。此外，沿立面的区域显然也是附近建筑中居民户外逗留和做家务的处所。把家务工作移到沿立面的区域是相当方便的，最自然的逗留场所是门口的台阶，可以从那里向前走进空间，也可以在那里站上一会儿。无论从生理上还是心理上来说，站着比走进到空间中要轻松一些。如果真想走走，随时都能跨出去。

可以断定，活动是从内部和朝向公共空间中心的边界发展起来的。孩子们总是先在门前聚集一会儿，然后再开始集体游戏并占有整个空间。其他年龄组的人也乐意在门前或建筑物附近集结，从那里他们既可以走进空间，也可以再度回到房中，或呆在那里不动。

克里斯托弗·亚历山大(Christopher Alexander)在他的《建筑模式语言》[3]一书中，总结了有关公共空间中边界效应和边界区域的经验："如果边界不复存在，那么空间就决不会富有生气。"

逗留区域——局部隐蔽

树林边缘深浅不同的背景以及繁茂的树冠为静态的活动提供了另一种有价值的质量,使人们既可以在一半遮掩中部分地隐蔽起来,同时又能很好地观察空间。

城市空间中沿街的柱廊、雨篷和遮阳棚同样使人们既可停留和观察,又不会处于众目睽睽之中,这是很有吸引力的。对居民来说,建筑物的凹处、后退的入口、门廊、回廊以及前院的树木都起着同样的作用,既可以提供防护,又有良好的视野。

站立的位置——支持物

在逗留区域中,人们很细心地选择在凹处、转角、入口,或者靠近柱子、树木、街灯之类可依靠物体的地方驻足,它们在小尺度上限定了休息场所。

许多南欧城市广场上的护柱为较长时间的逗留提供了明显的支持。人们倚靠在护柱上,或者在护柱附近站立、玩耍及放置东西。在锡耶纳市的坎波广场,几乎所有的站立活动都是以护柱为中心,这些护柱恰好布置在广场中两个区域的边界上。

对面页图:如果边界起作用,空间就会起作用。图为纽约布鲁克林住宅街区

下图:可以依托或就近放置东西的支持物。图为意大利锡耶纳市的坎波广场

宜于户外逗留的最佳城市具有不规则的立面

户内户外的支持物

在公共空间或不熟悉的环境中使用支持物的现象同样可以在饭店和旅馆的大厅中观察到。在晚会的最初阶段,客人们也总是使自己靠墙和在家具附近就坐。

游戏刚开始的情况也很类似,孩子们这时常常站在家具或玩具的边上。

相反,在居住区附近的公园或开阔的草地中,人们常常发现,如果"没有什么东西可以靠着坐下",要走到草地上小憩一会儿是很难的。

户外逗留的最佳城市具有无规则的立面

综上所述,细节设计对于在公共空间中创造逗留的条件起着重要的作用。

如果空间荒寂而空旷,没有座凳、柱廊、植物、树木之类的东西;如果立面缺乏有趣的细部,如凹处、门洞、出入口、台阶等,就很难找地方停下来。

可以这样说,适于户外逗留的最佳城市具有无规律的立面,并且在户外空间有各种各样的支持物。

凹处是驻足停留的好去处。它提供了一种富有吸引力的半公共/半私密态势。人只有部分朝外。如果希望更私密些,只要略为向阴处后退就行了

小坐

功能完善的城市区域为人们小坐创造了许多条件

在城市和居住区的各种公共空间中，都必须为人们安坐小憩做出适当的安排，这一点具有特殊的重要性。

只有创造良好的条件让人们安坐下来，才可能有较长时间的逗留。如果坐下来的条件少而差，人们就会侧目而过。这不仅意味着在公共场合的逗留十分短暂，而且还意味着许多有魅力和有价值的户外活动被扼杀掉了。

良好的座椅布局与设计是公共空间中富有吸引力的许多活动的前提，如小吃、阅读、打盹、编织、下棋、晒太阳、看人、交谈等等。

这些活动对于城市和居住区中公共空间的质量是至为关键的。因此，在评价特定区域中公共环境的质量时，必须把能否为人们小坐提供更多、更好的条件作为量重要的因素来考虑。

为了以较简单的方式改善一个地区的户外环境的质量，最好的作法就是创造更多、更好的条件使人们能安坐下来。

良好的小坐场所

小坐活动对于具体的场合、气候和空间都有一些重要的一般性要求。在后面几节中将对这些一般性要求作更详尽的讨论。

座椅的布局也有一些特殊的要求。就所需的空间条件而言，小坐与驻足停留一类的活动基本上是相同的。

但是，由于安坐小憩比起较为偶然和短暂的驻足停留来说，有着更为迫切的重要意义，因而它的要求理应受到更大的关注。一般来说，只有在外部条件适宜时，人们才会找地方坐下，确定座椅的位置比确定驻足停留的位置要费神得多。

座位的选择

置于开敞空间中央的座凳只是在
建筑表现图中好看,对于使用者来
说隐蔽的空间显然更吸引人
开敞空间的边缘是最受青睐的小
坐之处,在那里小坐的人背部受到
保护,视线不受干扰,小气候也最
为宜人

将座凳慷慨地散布在公共空间之中只能使座凳的生产厂家得利

座位的选择

先前讨论的边界效应在人们选择座位时也可以观察到。沿建筑四周和空间边缘的座椅比在空间当中的座椅更受欢迎。与驻足停留一样,人们倾向于从物质环境的细微之处寻求支持物。位于凹处,长凳两端或其他空间划分明确之处的座位,以及人的背后受到保护的座位较受青睐,而那些位于空间划分不甚明确之处的座位则受到冷落。

一些研究报告更深入地揭示了这一倾向。

社会学家德克·德·琼治在一项"餐厅和咖啡馆中的座位选择"的研究中发现,有靠背或靠墙的餐椅以及能纵观全局的座位比别的座位受欢迎[26]。其中靠窗的座位尤其受欢迎,在那里室内外空间尽收眼底。餐厅中安排座位的人员证实,许多客人,无论是散客还是团体客人,都明确表示不喜欢餐厅中间的桌子,希望尽可能得到靠墙的座位。

座位的布置

座位的布置需要精心规划。许多座椅完全是随意布置的,缺乏仔细的推敲。这样的例子俯拾即是。让座椅在公共空间中自由"漂浮"的灵活布局也不鲜见。这样做或许是因为过于关注建筑美学的原则而忽略了基本的心理学考虑;也可能是"担心设计图纸出现空白空间"所致。不管怎样,其结果是这些充斥着自由放置的"家具"的空间看上去似乎是为人们小坐创造了多种可能,但实际上只提供了很不理想的座位。

座位的布局必须在通盘考虑场地的空间与功能质量的基础上进行。每一条座椅或者每一处小憩之地都应有各自相宜的具体环境,置于空间内的小空间中,如凹处,转角处等能提

精心设计的城市在最适宜的地点提
供了安坐小憩的良好条件（苏格兰
阿伯丁）

好的安坐小憩之处显然要有好的座
椅，让人乐于使用。但并非任何一条
座椅都是如此。[瑞典延雪平省
(Jönköφing)和美国洛杉矶的座椅]

供亲切、安全和良好微气候的地点,这是一条规律。

朝向与视野　　　　朝向与视野对于座位的选择起着重要的作用。

当人们选择在公共环境中坐下时,总是会马上领略到这一地点所具有的种种优越条件,如特殊的地势、空间、气候、景观等各个方面。

先前已经提到,有机会观看各种活动是选择座位的一个关键因素。但其他一些因素,如阳光和风的方向,也必须加以考虑。防护良好并且具有不受干扰观察周围活动的视野的座位,总是比那些弊多利少的座位要受欢迎得多。

座位的类型　　　　对于小憩场所第三个方面的,也是更普通的要求,涉及到座位的类型。

不同组群的人有不同的要求。儿童和年轻人对于座位的类型很少挑剔,在许多情况下都是随地而坐,如坐在地板上、大街上、喷泉和花池边上等。对这一组群而言,全局的状况比座位起着更加重要的作用。

其他组群的人对座位的类型有更高的要求。

对许多人来说,一个合适座位——凳子或是椅子——是安坐的基本要求。特别是对许多老人而言,座位的舒适与实用性是很重要的,座位既要方便就座,又能舒适地坐上较长的时间。

基本座位　　　　因此,设施完备的公共空间应该为安坐小憩提供许多不同的条件,让所有的使用者组群都有机会逗留。基本的座位形式——凳子和椅子——一方面要提供给需要迫切的各类使用者,另一方面又要顾及对座位的需要不是太多的场合。只要有足够的空闲座位,人们总是会挑选位置最佳、最舒适的座位,这就要求有充裕的基本座位,并将它们安放到精心选定、章法无误的地方,这些地方能为使用者提供尽可能多的有利条件。

辅助座位　　　　在对座位的需求大增的情况下,除了基本座位而外,还需要有许多辅助座位,如台阶、基础、梯级、矮墙、箱子等,以应一时之需。台阶特别受欢迎,因为它们还可作为很好的观景点。

辅助座位

座席景观

台阶、外墙的细部以及各种城市
家具都应该为小坐提供广泛的辅
助条件

右图：悉尼歌剧院和皮卡迪里马
戏院前的"座席景观"

　　根据相对较少的基本座位与大量辅助座位的相互关系所
作的空间设计还具有一个优点，它能在只有少量使用者的情
况下合理地发挥作用。

　　否则，众多空空荡荡的凳椅容易造成一种萧条的印象，似
乎此地已被人抛弃和遗忘了。这种情形在淡季的露天咖啡座
和度假村中都可以见到。

**"座席景观"——多功能
的城市小品**

　　采用"座席景观"的形式能提供一种特殊类型的辅助座
位。"座席景观"是城市空间中多功能的小品，例如既作为观景
点，又作为纪念雕塑的宽大台阶、带有宽敞梯级基座的喷泉，
或者其他设计来同时用于一个以上目的的大型空间小品。

具有不同使用方式的多功能城市小品和外墙细部设计应该得到普遍推广，因为它们可以产生更多有趣的城市要素，并且使人们能更加多样化地使用城市空间。

　　在这方面威尼斯是很突出的，因为所有的城市小品——街灯、旗杆、雕像以及建筑的外墙面——都设计来可以让人坐上一会儿。整个城市都是可以坐的。

　　除了那些在一定程度上是为消遣性小坐而设计的基本和辅助座位之外，还要充分考虑到对歇息性座椅的需要，这些座椅应按照一定的间距布置到城市各处。在与哥本哈根各阶层市民讨论时，缺乏老年人坐下歇息的处所是最为人们所关注的问题之一。创建良好的城市或居住环境的一条重要经验，就是应按一定间距，比如每隔100m，设置一处合适的歇息场所。

请每隔 100m 设置一条歇息的座椅!

观看、聆听与交谈

观看——一个距离问题

前面已经讨论过，观看他人的可能性牵涉到观察者与对象之间的距离问题。如果街道太宽或空间过大，从一个地方观看空间和当时的活动的可能性就会受到影响乃至消失。在大多数情况下，纵览全局并把握住大而复杂的场面是极有价值的。因此,确定大空间尺度最适宜的方法常常是使空间的边界与社会性视域的范围一致起来。这样就为范围广泛的活动提供了场所，并使这些活动处于每一个空间使用者的视野之内。

为了做到这一点，最好一次将几种社会性视域组合在一起。例如观看活动的最大距离(70 – 100m)就可以与看清面部表情的最大距离(20 – 25m)组合起来。

凯文·林奇 (Kevin Lynch) 在《场地规划》[37] 一书中把25m 左右的空间尺度作为在社会环境中最舒适和得当的尺度。他还指出，超过 110m 的空间尺度在良好的城市空间中是罕见的。

南欧中世纪城市广场的长和宽都接近或小于这两个数值,这很难说是巧合。

观看——一个良好的视野问题

观看的可能性也是一个良好的视野和视线不受干扰的问题。在剧院及电影院,观众席常常设计成阶梯状;讲堂中的讲台也被抬高了，以使每位听众都能看得见讲演者。

类似的原则应用到城市空间也是很有益的，这就为每一个人看清当时空间中的活动创造了最佳的条件。

在这方面，中世纪城市广场提供了许多很好的设计实例。意大利城市广场一般都有步行区,它们比机动交通区要高两到三级踏步。

观看

各种年龄的人都应能够看见正在
发生的事情
左图:一所幼儿园中儿童尺度的
窗户和一艘渡轮上供少年乘客观
景用的窗户

观景需要良好的视野和不受干扰
的视线
下图:斯德哥尔摩音乐厅的台阶

罗马的圆柱广场(Piazza Colonna)

在锡耶纳市的坎波广场(参见第44页),这一原则以最完美的形式体现了出来。整个广场像一座贝壳状的人看台,在贝壳外围沿建筑外墙的高处是人们停留和小坐的地方。

这样的布置为在边缘区域靠护柱站立或在路边咖啡座小憩提供了有利条件。驻足之处非常明确,人们的后背受到保护,同时又能将整个城市风情尽收眼底。

观看——一个照明问题

观看的可能性也是一个观看对象是否有足够照明的问题。在这个意义上来说,照明对于公共空间在夜间发挥作用是一个关键性的因素。

与社会活动有关的对象的照明,亦即人和面部的照明尤为重要。考虑到一般的舒畅感与安全感,以及观看人和活动的可能性,在任何时候均保持步行区有充裕的照明和良好的投向是最理想的。

更佳的照明并不一定意味着更强的照明。良好的照明意味着将一束适当亮度的光线投射或反射到面上——面部、墙面、街头标志、邮筒等等,与街道的照明形成对比。良好的照明也意味着温馨而友善的光照。

聆听

每当一条有机动交通的街道被改建成步行街时,就为用听觉感受人生重新创造了条件。小汽车的噪声为脚步声、人声和流水声等所取代,相互交谈、聆听音乐以及人们的话语和孩

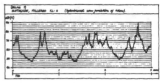

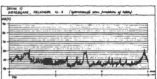

交通干道和步行街上的噪声记录。步行街上的噪声曲线平滑而且很低,约为 50dB

上图:步行城市中的交谈(威尼斯)

下图:交通干道上的交谈(哥本哈根)

子们的欢笑都再度成为可能。在这种没有机动交通的街道里，或者在老的步行城市中，就可以了解到聆听的机会对于总体环境和人们的身心健康有多么重要的价值。

噪声对交谈的影响

当背景噪声超过 60dB 左右，就几乎不可能进行正常的交谈，而在混合交通的街道上，噪声的水平通常正是这个数值。因此，在繁忙的街道上实际极少看见有人在交谈。即使要交谈几句，也会有很大的困难。人们只有趁交通缓和之际高声交换几句短暂的、事先准备好的话来进行交流。为了在这种条件下交谈，人们必须靠得很近，在小到 5—15cm 的距离内讲话。如果成人要与儿童交谈，就必须躬身俯近儿童。这实际上意味着当噪声水平太高时，成人与儿童之间的交流会完全消失。儿童无法询问他们所看到的东西，也不可能得到回答。

只有在背景噪声小于 60dB 时，才可能进行交谈。如果人们要听清别人的高声细语、脚步声、歌声等完整的社会场景要素，噪声水平就必须降至 45—50dB[1]。

聆听人声与音乐

对于初次站在威尼斯火车站外台阶上的人来说，最深的印象不是运河、住宅、人群和没有小汽车，而是人的声音。在欧洲其他城市，聆听人声的可能性是很小的。

漫步于哥本哈根的铁凤里游乐场（Tivoli Gardens）以及哥本哈根步行街区的其他地方，人们也有类似的感受。尤其是能听到音乐、歌唱、呼喊和讲演，使步行变得情趣盎然。随着步行街的引入，哥本哈根市自然兴起的街头音乐有了明显的复苏，成了今天该市最引人入胜的特色之一。在引入无机动交通空间之前，通常什么东西也听不见。

交谈

与别人交谈的机会对户外空间质量有极大的影响。户外交谈可以划分为三种不同的类型，每一种类型对环境条件都有不同的要求。这三种类型是：与同伴交谈、与遇见的熟人交谈以及与陌生人可能进行的交谈。

与同伴交谈

与朋友、家人等同伴交谈的先决条件在前面的章节中已经叙述过了。无论是走着、站着或坐着，这种交谈都能发生。除了较低水平的背景噪声水平而外，对于地点、场合似乎没有特殊的要求。夫妻、母子以及朋友们在城市中一边散步，一边交谈，是公共空间中较为常见的交谈类型。

与路遇的熟人交谈

当朋友或熟人相见时，就会出现另一种类型的交谈。这种交谈的发生在很大程度上与地点与场合无关，人们在相遇处停下来交谈。

与"路过"的朋友和邻居交谈属于这一类型。在户外区域逗留的时间越长，朋友或邻居相见并交谈的机会就越多。交往的形式是多种多样的，从简短的招呼、几句寒暄对白到投机的长聊都有可能。交谈发生于相见之处：树篱两边、庭园入口处和房门前等。交谈发生与否和地点关系不大，主要取决于在户外随意逗留的条件如何。

与陌生人交谈

第三类，也是在公共空间中较为少见的一类交谈是那些彼此不曾相识的人之间的交谈。这类交谈始于参与者处于较放松状态之时，尤其是当他们专注于同一事情，如并排站着、坐着，或者一起从事相同的活动。

伊尔文·高夫曼（Erving Goffmann）在《公共场所中的行为》[22] 一书中，分析了熟人之间的交谈和陌生人之间的交谈。他写道：

"作为一条普遍的规律，人们一般认为，在社会场合中，熟人间需要找一个借口以避免相互交谈，而不熟悉的人之间则需要找一个借口搭话。"

有话可谈

共同的活动与经历，以及没预料到的或者非同寻常的活动能引发交谈。在《小都市空间的社会生活》[51]一书中，威廉姆·H·怀特（William H Whyte）使用了"三角关系"一词来描述诸如街头表演者与观众之间相互关系之类的现象。在欣赏街头表演者 C 的技巧与天才时，观众 A 与观众 B 相视一笑，或者攀谈几句，一个三角形便形成了，并且一个细小，但非常有意思的过程也开始发展起来。

有话可谈
(为哥本哈根市一年一度的狂欢
节做准备)

交谈景观

　　小坐和驻足地点的设计以及它们的相对位置,对于交谈的机会能产生直接的影响。爱德华·T·霍尔(Edward T Hall)在《隐匿的尺度》[23] 一书中列举了一系列有关座椅安排和交谈可能性的调查研究。如果座椅背靠背布置,或者座椅之间有很大空间,就会有碍于交谈甚至使交谈不可能进行,火车站候车室的座椅安排就是例证。相反,像路边咖啡座那样,让座椅紧紧围绕桌子布局,就会有助于开始攀谈。

　　在传统的火车包厢以及座椅相对布置的老式电车中可以看到很好的交谈景象。反之,飞机以及许多新式火车和公共汽车的座位安排则不利于交谈,旅客一排排地朝前而坐,只能看见同行旅客的后脑勺。面对一位难于打交道的旅伴的风险是消除了,但在旅途中进行一次友好交谈的许多机会也随之消失。

　　在城市和居住区的公共空间规划设计过程中,设计师应尽力使座椅的布置有更多的灵活性，而不仅是像前面所说的那样简单地"背靠背"或"面对面"布置。例如曲线形的座椅或成角布置的座椅就常常是一种明智的选择。当座椅成角布置时，如果坐着的人都有攀谈的意向，开始搭话就会容易一些；如果不愿交谈，从窘况中解脱出来也较方便。

这类交谈景观一直是建筑师拉尔夫·厄斯金(Ralph Erskine) 的指导原则，他将它们广泛应用到了他的住宅区设计之中。在他创造的公共空间中，几乎所有的座椅都是成双布置的,围绕桌子成一直角。桌子为进入空间做事和吃点心等提供了有利条件，这样，休息区域就具有了一系列的功能，远不止于只是让人们小坐一会儿。

当凳子成角布置时，交谈就方便得多
右图："交谈景观"(建筑师：拉尔夫·厄斯金)

各方面宜人的场所

各方面宜人的场所

所有自发性的、娱乐性的和社会性的活动都具有一个共同的特点，即只有在逗留与步行的外部环境相当好，从物质、心理和社会诸方面最大限度地创造了优越条件，并尽量消除了不利因素，使人们在环境中一切如意时，它们才会发生。

防护问题

对一个地方感到适意与否，在一定程度上取决于能否防止危险和生理伤害，尤其要避免由于担心犯罪和交通事故而带来的不安全感。

防止犯罪

在犯罪成了一个普遍问题的地区，防范就是一个最重要的议题。简·雅各布斯(Jane Jacobs)为解决美国大城市规划问题所开的良方之一便是预防犯罪 [24]。为此他对街头活动水平与安全程度的相互关系进行了调查。如果有许多人在一条街上，就形成了相当程度的共同防卫，如果街道富有生气，许多人会从他们的窗户俯瞰街道，因为关注于各种活动是有趣而令人愉快的。

这种自然的"街头瞭望"对于安全能起积极作用，步行城市威尼斯的事故统计就证明了这一点。威尼斯有许多运河，实际上却没有人溺死。由于慢速交通以及由此而带来的运河上和两岸的高活动水平，当有事故发生时，总会有过路人或从窗户向外观望的人发现，从而得到及时处理。

奥斯卡·纽曼(Oscar Newman)在《可防卫的空间》[40]一书中提出了在特定地区减少犯罪与破坏行为的一揽子方案，更加强调了街头活动、门前小憩以及监视公共空间的良好条件等因素的重要性。

提防机动交通

左图：在以机动交通为主的城市，时刻提防来去的车辆是最恼人的问题

左下图：担心的代价——在澳大利亚有机动交通的大街上，父母不允许儿童在人行道上自由玩耍。而在步行街中，父母可以放手让儿童走动

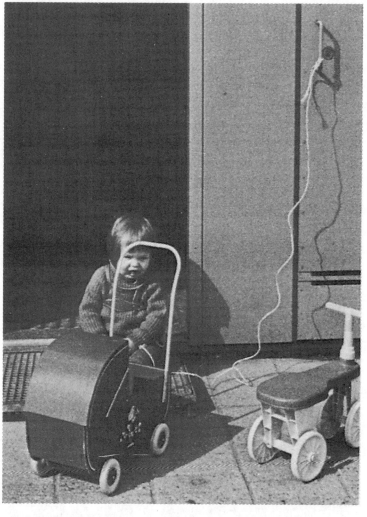

a. 86 %　14 %

b. 86 %　14 %

c. 29 %　71 %

d. 27 %　74 %

a: 墨尔本市一条有机动交通的街道
b: 墨尔本市另一条有机动交通的街道
c: 墨尔本市的一条步行街
d: 悉尼市的一条步行街

就防范而言，自然地守望公共区域是一个要素，而居民自然的责任感和兴趣已同样重要。这就要求居民们自己拥有他们能舒适地使用的户外空间，并使出入通道和开敞区域与住宅群明确地联系起来，形成清楚划分的共有空间，而不是含糊不清、无人光顾的旷野。

防止交通事故

另一项重要的安全要求是防止交通事故。如果这一要求不能得到很好的满足，其结果就会极大地限制户外活动的类型及特点。孩子们必须和大人手拉手走在一起，老人则害怕横过街道，甚至在人行道上也不可能感到十分安全。

规划人员必须认识到，正是危险和不安定的感觉在特定情形下起着决定性的作用。这就是说，必须仔细研究实际的交通安全情况以及人们对于交通安全的心理感受。

1978 年在澳大利亚对有机动交通的街道和步行街道进行的一项调查，显示了人们在这两种类型街道上的安全感受情况，特别是行人在有机动交通的街道上不得已所采用的安全防备措施的情况。在普通有机动交通的大街的人行道上，所有 6 岁以下的儿童中有 86% 与大人携手同行；在步行街上，这个数字几乎正相反，75% 的儿童被允许自由活动。

尽管步行区一类无机动交通的场所是目前解决安全和安全感问题的最好方法，但也应注意到最近在荷兰引入的"乌纳夫"（Woonerf）原则，即在以步行和自行车为主的街道上允许慢速的机动车辆通行，比起在城市街道中普遍存在的不安全交通状况而言，这是一种显著的改善。

避免不利天气的影响

创造宜人的环境也是一个避免不利天气的影响的问题。不利天气条件的类型在不同地区、不同国家有很大的不同。每一地区都有自己的气候条件和文化模式，它们形成了解决各自不同问题的基础。防暑防晒在夏季的南欧至关重要；而在北欧，问题则截然不同。

下面将着重讨论北欧，特别是斯堪的纳维亚地区的情况。显然，这一地区的气候防护是一个特别综合性的课题。

加拿大和美国、澳大利亚的大部分地区的问题与北欧与中欧的问题并无很大差别。

户外空间中最大的问题是风。吹风的时候,人们很难保持平衡、保暖和自我防护

下雨而不刮风就不是一个大问题,一处雨篷或一把伞即可提供足够的防护

只要无风无雨,御寒并非难事。人们一般都认为只要风和日丽就是好日子而不管其气温如何

上图:冬日阳光下的广场。虽然打了霜,但所有向阳的长椅均座无虚席(哥本哈根)

气候与户外活动模式

对哥本哈根步行街 1 月到 7 月活动的一项调查 [18] 反映了斯堪的纳维亚地区气候与活动内容及特点的相互关系。在这期间，随着冬去夏来，步行人数增长了一倍，逗留的人数则增加了两倍，这是更频繁和更长时间驻足停留的结果。同时，与站立有关的活动的特点也发生了变化，停下来购买小吃、饮料和观光的人数大增。街头表演、展览和其他冬天实际上不存在的活动，在最温暖月份的总体活动模式中起了很大的作用。当座椅周围的气温达到 10℃时，在最冷时节完全消失了的小坐活动也活跃起来。

总体来说，在温度为 2℃ 的 1 月，人们的活动分布状况大约是 30% 的人驻足逗留，70% 的人在走动；而在温度为 20℃ 的 7 月，大多数活动(约为 55%)是驻足停留和小坐。步行街微妙地变成了主要用作为流连与小憩场所的街道。

彼得·波塞尔曼 (Peter Bosselmann) 在旧金山所做的一项舒适度与气候条件的研究 [5] 表明，旧金山与斯堪的纳维亚地区两地的情况非常相似。

"在大多数时间，户外活动的人都要有直接的阳光并避开风吹才感觉舒适。除了最热的暑天，在所有其他的日子里，风大或阴处的公园和广场实际上都无人光顾，而那些阳光充沛又能避风的地方则大受欢迎。"

在对纽约市小型城市空间的社会生活进行了考察之后，威廉姆·H·怀特 (William H. Whyte) 也强调了避开不利气候因素，确保户外活动的良好条件的重要性[51]。

终年发挥作用要求抵御不利的气候因素

近年来，气候、宜人性与活动内容三者紧密联系的概念在商业界传播很快，其结果就是商业中心、大商场、旅馆大堂、火车站以及航空港都有了气候调节。

在住宅区中类似的发展似乎要缓慢一点，一些地方正在努力使住宅区中的公共空间尽可能终年发挥作用。一批新建的斯堪的纳维亚住宅区中的室内街道和广场就反映了这种进展。建筑师彼得·伯罗伯格(Peter Broberg)在瑞典埃斯勒夫市设计的加德沙克拉住宅区（参见第 90 页）就是这一新趋势的一个很好的实例[13]。

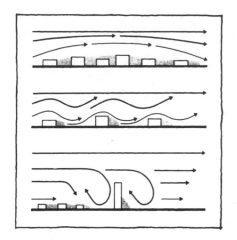

小区的规划布局能极大地改善或恶化小气候。低层高密度的建筑布局使风势绕行而过，而零散的高层建筑则使风势受阻而导向地面

在密度适中的低层住宅区中，每年宜于户外逗留的时数要比周围空旷地区至少高出 2 倍

分布十分零散的建筑物附近的气候一般比四周空旷地区的气候还要糟糕

瑞典南部的高层住宅区：沙坑四边必须树起风障，以防沙子以及小孩被风吹动

近年来，人们也更加关注于在其他类型的城市空间中创造良好的条件。由一个名为"美好冬季城市"的加拿大－斯堪的纳维亚团体倡议召开的一系列会议和该团体的出版物就是一个例证 [42]。但是，其他好的实例仍然极为罕见，而由于粗心的规划所造成的恶劣气候条件却比比皆是。

抵御不利的气候条件 ——城市与小区规划

如果在城市和小区规划层次上进行细致的工作，就可以避免许多问题，减轻大多数恼人的气候因素的影响。

在斯堪的纳维亚地区，主要的问题是风和它带来的寒冷，这使得气候意识在城市及小区规划中起着极其重要的作用。在丹麦，老城中的传统建筑都是沿狭窄街道兴建的低层联排式建筑，后面常常带有小院。当西风吹到这些低矮而连续的建筑物时，大部分风势被导向上空。另外，由于建筑物较低，户外空间不大，而且精心地向阳布置，所以能获得充沛的阳光。在这些城镇中，小气候比四周的旷野要好得多，人们每年能舒适地呆在户外的时数也大大增加。从气候的角度来说，由于适当的设计，这些城镇南"迁"了几百公里。

在新建地区，例如在分散的独户住宅区，尤其是围绕多层住宅而建的独户住宅区，小气候就差得多。不少多层住宅楼前户外区域的小气候甚至比周围旷野还要糟，高层建筑就更是如此。它们能挡住地面以上 18m，27m 乃至 37m 高空的强风，并将其导向地面，把所有的人和物都吹得冰凉，并将沙坑中的沙子卷到空中。

如果将丹麦传统建筑群中的室外气候以及户外逗留的条件与新型多层建筑周围的情况相比，人们不难发现，在低层联排建筑群中的"夏季"（或者说户外活动季节）要比多层建筑附近的"夏季"长两个月。低层建筑的城市中宜于户外活动的时数也要比高层建筑的城市多一倍。

在许多美国及加拿大的城市，由于高层建筑的布局和细部设计不当，已经产生了几乎是极地般的气候条件。彼得·波塞尔曼在《太阳、风与舒适》[5]一书中不但指出了令人生厌的阴影效应，还列举了由独立高层建筑四周的风所引起的气候恶化，其中包括通道效应、转角效应、以及缝隙效应等。威廉姆·H·怀特在描述纽约的情况时指出 [51]：

"现在人们已经很清楚，单栋的高层塔楼能在其四壁产生强风，使人难以居住在这样的塔楼中，因此有些空间常常无人问津，这一点并不使人感到意外。"

抵御不利的气候条件——细部规划

如前所述，城市和小区规划能改善或恶化小气候，因而创造出一种更好或更糟的总体环境。然而户外空间宜人与否，以及户外逗留条件的好坏，关键在于户外空间和步行线路自身的微气候，亦即供人休息的座椅及其周围的气候，或者人们要走过的人行道上的气候。因此，规划人员必须考虑到每一特定地点的微气候因素，从而将步行道及户外休息区域安排到最适宜的位置上。此外，还需要在小尺度上下功夫，采用风障、林木、树篱以及在最需要的地方加上顶盖等方式来改善环境条件。

气候体验

一味通过抵御不利的气候条件来改善城市活动与气候的关系是不够的。能抵御最不利的气候影响当然很好，但有机会体验到好的和坏的天气以及季节的变换等，也同样是有价值的，特别是当人们可以自行决定何时这样去做时，就更是如此。在任何情况下，只要有适宜的气候，去体验一下总是一件乐事。

欣赏宜人的气候

"疯狂的狗和英国人追逐正午的阳光"。显然，英国人对阳光有特殊的爱恋。无论在春天还是在秋天，在世界上许多其他地方都能发现这种对阳光的喜爱之情。

欣赏宜人的气候的愿望使得明智地处理气候防护问题成了一件重要的工作。

在英国和斯堪的纳维亚地区，黑暗的冬天和接下来短暂而繁茂的夏天已经在居民、阳光和绿化之间创造了一种特殊的关系。只要有可能欣赏到哪怕一小会儿阳光和树木花草，其诱惑力也是极大的。

在早春的月份里，到处可以看到对于太阳的崇拜。当太阳出来时，男女老少都出来晒太阳。对阳光的喜爱也反映在对人行道的选择以及人们在空间的位置方面；北欧人会自然而然地选择一个向阳的位置，即使在意大利人早就去蔽荫的温度下也是如此。

北欧国家对于树木花草也有类似的钟情与热爱。这些国

以简单易行的方式在最需要的地方创造出宜人的气候并非难事

家的树木有半年没有树叶，当它们萌发新枝时，人们喜悦万分，急切地期待着花木繁茂季节的来临。在这些有漫长冬季和短暂而生机盎然的夏季的国度里，花园以及与土地密切接触的生活的重要作用，远比在中南欧要大得多。

在这些国家的城镇规划中，绿化也起着重要的作用。与大多数斯堪的纳维亚广场一样，英国的广场总是布置有树木花草，而南欧的广场却常常没有树木。

结论——有效地抵御坏天气，充分享受好天气

北欧的气候以及与其相关的特殊文化特征，要求在世界的这一地区同时做好两件工作。一方面要有效地抵御恶劣的气候，另一方面又要保证在天气良好时能充分享受阳光和其他有利的气候因素。

在世界其他地区，也必须根据当地的气候条件及相应的文化模式进行详尽的分析评价和细部处理。这不是一件轻而易举的工作，但却有着重要的意义，因为在几乎所有的实例

早春第一天(苏格兰爱丁堡)

中,户外空间的质量都是与气候条件密切相关的,要么更好,要么更糟。

宜人的场所——一个美学质量的问题

在特定空间中体验到各种有趣的事物,也是一个空间设计的问题, 涉及到物质环境——无论其是不是一个漂亮的地方——给人的感受的质量。几世纪以前,城镇与都市规划中有关视觉方面的工作就已成了相当热门的课题。其中卡米罗·塞特 (Camillo Sitte) 于 1889 年写成的《遵循艺术原则的城市规划》[45] 就是一部杰出的著作,该书令人信服地揭示了建筑学质量、动人的体验和城市使用之间的联系。

场所感

戈登·库伦 (Gordon Cullen) 在《城镇景观》[10] 一书中详细描述了"场所感"这一概念。他指出,一种特殊的视觉表现能够让人体会到一种场所感,以激发人们进入空间之中。

这种空间质量的感受正是许多老的步行城市及其空间的特点。例如,在威尼斯和许多著名的意大利城广场,空间中的生活、气候以及建筑设计的质量相辅相成,创造了一种令人难以忘怀的总体印象。

就像在上述例子中那样,当各种因素都能同时发挥作用时,就会令人产生一种身心愉快的感受:这是一处非常宜人的逗留场所。

长时间的户外逗留意味着充满生机的城市

图示为安大略省滑铁卢和基奇纳两市 12 条住宅街道中各种户外活动的频率及持续时间

尽管"进出"活动占了 12 条街道中户外活动总数的 50% 以上，但却是滞留活动将生活带进了街道（图 1）

由于滞留活动延续的时间较长，它们占了街头活动时间的近90%（图 3）

下图：多伦多市富有特色的街景。住宅间布局紧凑，并且有临街的半私密性门廊

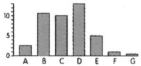

1. 户外活动的数量

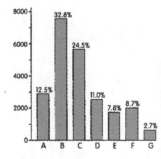

2. 平均活动持续时间

3. 花费在 12 条街道上的时间总数
（单位：分钟）
A. 交际
B. 逗留
C. 做事
D. 玩耍
E. 街区内散步
F. 步行进出
G. 乘车进出

柔性边界

能 在 建 筑 物 四 周 流 连
——还是仅仅能够进出

本书的最后一节将更加全面地讨论位于建筑物靠公共空间一侧以及直接与其相连的舒适的休息区是如何影响户外生活的。当然,为进出建筑物创造良好、舒适的步行条件也很重要,但对于户外生活的范围与特点来说,为长时间的户外活动创造条件起着更关键的作用。

1977 年夏季在加拿大安大略省南部的基奇纳和滑铁卢两个城市,对 12 条联排式和独立式住宅街区的街头生活进行了调查[20]。这项调查在 12 条街道中各选取 91m 长的一段,记录下平日一天中发生在门廊、前院和街道本身的活动数量及类型;此外,还记录下了每一项活动持续的时间。

如果看一下在这 12 条街上有多少活动发生 (图 1),就会发现与步行及乘车进出家门有关的活动占了活动总数的 52%。

如果进一步分析一下每项活动的平均持续时间(图 2),就会发现恰恰是这些"进进出出"的活动持续时间最短,而各种滞留活动,如休息、做事或者娱乐活动等,则有较长的持续时间。(对于"进出"活动而言,考虑到了步行者或驾车者在街道上的时间。换句话说,就是走出街区所花的时间,或者驾车者往来于汽车与家门口之间的时间。)这种街头户外生活的真实场景只有在活动数量与单项活动的平均持续时间同时达到一定水平才会出现(图 3)。如果综合考虑数量和持续时间,就可以发现,大量的"进出"型活动仅占整个户外时间总数的 10% 强,而滞留活动却占了 90%。

这方面的问题先前业已讨论过,但在这一节还要再强调一次:正是少数持续时间较长的活动创造了丰富的户外生活,增加了邻里间见面的机会,并派生出许多简短的活动等等。这说明在住宅的公共一侧为停留与休息提供良好条件的重要性。

如果仅有短暂的"进出"活动发生,有些类型的活动就可能消失。当人们详尽地研究了这些类型的活动之后,会对停留与休息空间的必要性有更深入的认识。

在鉴于此,接下来将考察一系列的物质因素,它们对于住宅周围的户外活动的范围与特点起着重要的作用。

其中一些最重要的因素可以归结为下列三大点:

——出入方便;

——紧靠住宅前有良好的逗留区;

——紧靠住宅前有事可做,并有一定的设施。

多层建筑——进出活动频繁,但滞留活动极少

能方便地出入于住宅是很重要的。如果室内外之间的联系不便,比如必须借助楼梯和电梯出入,光顾户外的人数就会大大降低 [19、39]。当然,在高层住宅中,无论住户住在哪一层,他们总要出入于自己的楼房,这就形成了一种综合性的"进出"交通,但许多其他的滞留活动,尤其是短暂和自然发生的活动,就会在不同程度上中止,因为下楼走到公共区域中去太劳神了。

由于住宅形式自身形成的特殊使用方式,毗邻多层建筑的户外区域在多数情况下都更加具有非人情味的特征。虽然为儿童建造了各种游戏设施,可是缺乏成人活动的场所,这似乎已成惯例。间或有一些固定的座椅和散步的小径,但仅此而已。居民们实际上不可能使用自己的家具、工具和玩具,原因很简单,成天携带这些东西太麻烦了。在这种条件下,户外活动极其有限,无论在数量上和类型上都是如此。

这些因素揭示了多层住宅的前院中户外活动常常很稀少的原因。尽管实际上在这些楼房中居住着许许多多的人,居民们进出频繁,但很多可能发生的其他活动却从来没有机会发展起来。

低层建筑——许多滞留活动内外流动

直接通往户外的低层建筑周围,情况就大不相同,住宅内部和四周的活动有可能内外"流动"。与多层建筑的情况相反,人们不必踌躇再三才出门。只要有一小会儿余暇就可以"蹦"出去,瞧一下外面发生的情况,或者走到台阶上喝一杯咖啡等。

在澳大利亚墨尔本市对带前院的联排住宅街区进行的一项

在许多多层住宅区，缺少细部设计和室内外联系不便大大减少了户外空间的使用

克服建筑造成的障碍一般需要很大的决心和努力（哥本哈根市西部星期天的场景）

调查[21]表明,在住宅靠公共空间一侧的全部户外逗留活动中,有46%持续时间少于1分钟。一天之中居民们在住宅、前院和人行道之间来回走动,出门很方便,若没有人交谈或没什么事想做,再回到房里也很容易。

在这种条件下,各种形式的户外逗留都有更好的机会得以发展。从许多小的户外逗留开始,就能产生出较大的活动。

室内外的联系——功能方面与心理方面

对于户外区域的使用来说,住宅、户外区域以及出入口本身设计的许多细节都是重要的。光是低层的建筑还不够,必须对住宅进行精心的规划设计,使住宅内的活动能自由地流动到户外。例如从厨房、餐厅或起居室都应有门直接通向住宅靠公共空间一侧的户外区域。同样,户外区域必须紧挨住宅的房间布置,入口的设计也应在功能上和心理上方便通行。

中间走廊,多余的门,尤其是室内外的高差都应避免。作为一条重要规则,室内外应在同一水平面上,只有这样才能方便活动的内外流动。

能在建筑物四周留连,还是仅仅能够进出

哥本哈根两条平行的街道
左图:硬性边界的街道,只宜于短暂的出入

下图:柔性边界的街道,宜于片刻滞留的各种活动。在这条街中,平日一天中的活动是上一条街的3倍[19]

生活在公共和私有空间之间流动
(墨尔本乔治大街)

紧靠宅前的良好休息区域

在许多住宅区的宅前,各种活动相对较少。原因之一无疑是在出入口或其他类似的出入方便之处缺乏合适的户外逗留场所。而在这些地方布置逗留场所是最自然不过的了。

前门的座位

紧靠前门设置一处可以遮风避雨,并能很好地观看街景的座椅并非难事,但却对户外生活起着明显的支持作用。一年四季每天都要多次使用前门,如果有方便而诱人的座位就在边上,它就会被经常性地使用,这一点已为经验所证明。

半私密性的前院——滞留活动的良好条件

如果在住宅与邻近街道之间的过渡区设置一种半私密性的前院,为户外逗留创造条件,那么建筑户外空间中的生活就会得到进一步的支持。

先前提及的 1976 年在墨尔本进行的研究 [21] 表明,住宅与街道之间的这种前院对户外活动及街头生活有重要意义。

在澳大利亚老城区中的建筑形式为低层联排式住宅,带有门廊和临街的小院以及私密性的后院。这种带有前后院的住宅形式提供了一种有价值的自由选择余地:既可以呆在住宅靠公共空间的一侧,也可呆在私密性的一侧。

在澳大利亚的这项研究共调查了 17 条联排式住宅街区。研究表明,前院在街道空间的活动中起着非常重要的作用。由于宅前半私密性户外空间的存在,直接为户外逗留活动和邻

澳大利亚的半私密性的前院

在墨尔本等澳大利亚城市的老区中，几乎所有的住宅都有大小适中的前院

这种前院为逗留和偶尔做做园艺活儿创造了条件。这些因素产生了一种异常生动而多样化的街头生活[21]

里间的交谈创造了特别有利的条件。

在住宅的公共性一侧所观察到的活动中，69%的交谈、76%的被动性户外活动(站或坐)，以及58%的主动性活动(修整花园之类的活动)都发生在门廊、前院中，或者是隔着前院与人行道间的篱笆进行的。

对墨尔本进行的这项研究获得了许多更详尽的观察记录,它们强调了前院对于户外逗留条件的特殊重要性。只要这些紧靠宅前的半私密性小院尺度适宜,设计合理,就为形成有效的永久性休息区域创造了条件。这些休息区一般设有遮阳、风障、舒适的座椅、灯具等设施。

此外,还可以将家具、工具、收音机、报纸、咖啡壶和玩具带到这些半私密性的前院之中,并留在那里以备下次再用。

研究还表明了细节设计的重要性,有必要使前院的大小和设计适于创造良好的休息空间。大部分墨尔本市的前院在这方面都很出色。住宅布置在距人行道3—4m处,足以保证那些坐在宅前的人有一定的私密性,但同时又贴近街道,以与街头发生的活动保持接触。

街边低矮的篱笆明确地划分出了临街的半私密区域,而且还为驻足浏览街景和与邻居聊天提供了理想的场所。在所研究的街道中,所有交谈的半数均是在谈话者之一倚靠于篱笆之上的情况下进行的。

当我们将这种前院与其他地方的宅前花园进行比较,就更清楚地反映出了前院细部设计的重要性。

在美国、加拿大、澳大利亚和许多欧洲国家的城郊地区,独户住宅从人行道后退了5—7m。前院被用作停车坪或空旷的草地,没有临街的篱笆。由于后退了5—7m,与街道的距离太远,无法将住宅附近的区域与街头生活联系起来。当住户想要浏览一下四周或与邻居攀谈时,就没有篱笆可以倚靠。关于郊区还有一点值得特别注意:假如住宅太分散,就没有邻居路过,这样,要不要半私密性的前院就颇值得商榷了。

半私密性前院——有事可做(有话可谈)

带休息空间及小花园的前院还有另外一种重要的质量,即如果人们想在宅前呆上一会儿,总是有许多有意思的杂事可做。这些事情,如浇花、扫地、剪草、油漆篱笆等,既是有实际

多伦多市传统住宅区由紧凑排列的城镇住宅构成。每一所住宅都有门廊，为在门前小坐创造了舒适条件。停车坪位于后院

当新住宅出现于老区之时，停车坪和车库被安排在住宅与街道之间，这样街道便遭到了破坏，成了毫无生气的无人之地

意义的活动,也是在户外呆上较长时间的解释或托词。

在墨尔本对前院的研究清楚地表明，园艺和操持家务具有这种令人愉快的双重功能。浇花、清扫人行道之类的事情往往比实际需要多用许多时间。如果有邻居路过，人们就会自然而然地放下手中的活计,隔着篱笆聊上一会儿。如果有人在做事,总可以找到谈话的内容:"你的玫瑰今年长得可真好呵!"

紧靠住宅的几平方米面积与远处的大面积

在加拿大、澳大利亚和斯堪的纳维亚地区对有半私密性前院的联排住宅所作的研究证明，紧靠宅前的哪怕是很小的户外区域，也比不易到达的较大型娱乐区域有更多、更广泛的用途。这并不是说体育场地、绿地和城市公园过剩，而是说在任何情况下都应有就近的区域与娱乐设施，以提供"直接的"消遣场所。

新住宅区中的柔性边界

户外活动常常是即兴发生的，具有很强的流动性特点，这就对物质条件提出了相应的要求。认识到这一点对于规划各种形式的新住宅区将是很有用处的，不少人积极主张保持合理的建筑密度和合理的低层数。如果要保证孩子们有最佳的游戏条件并能与其他孩子交往；如果要保证其余的居民群体不仅有良好的体验与交流的机会，而且有范围广泛的户外娱乐活动，就必须使各种活动在户内外流动，同时直接在住宅前提供休息场所以及从事某一活动的机会。这样，小型的、即兴发生的活动就有条件发展起来，并有可能从众多的小型活动中产生较大型的活动。

在斯堪的纳维亚地区，由于夏天很短，娱乐性的户外活动具有特殊的重要性。因此，对于低层高密度住宅形式的兴趣正在迅速发展，而对于多层居住建筑及独户住宅的兴趣则趋于下降。在丹麦,低层高密度的组团式住宅小区目前成了所有居住建筑建设项目中最主要的形式。与早期的联排式住宅区相比，这些新住宅靠公共空间一侧的户外逗留条件有了较大的改进。

这类新住宅建设项目中最好的实例之一，是哥本哈根西部的加治巴肯住宅区 [12]，建于 70 年代中期。该区共有大约 700 户出租的联排式住宅，这些住宅以 10—20 户为一组，围绕着一条 3m 宽的通道布局。在通道与住宅之间设有 4m 深的半私密性前院。这些前院由住户自己布置和绿化,它们对于户外活动起了非常重要的作用。尽管每户住宅都有一个私密性的后院和一个半私密性的前院，但孩子们总是在沿街的前院玩耍,大多数其他的户外活动也发生在这里。1980—1981 年间的一项户外活动研究显示，住户使用前院是使用后院的两倍 [19]（参见第 40 页）。

在拉尔夫·厄斯金（Ralph Erskine）为瑞典和英国设计的住区中同样可以发现精心设计的室内外过渡区域。入口处的座椅、联排住宅前带有小小台阶的前院以及多层住宅中紧靠楼梯间前的休息空间,都是重要的设计因素。它们对于创造这些高质量的住宅区起了积极作用。

目前在新住宅区建设中广泛应用的这些原则自然也适用于改善现有建筑物。就低层独户住宅而言,常常可以通过在宅

哥本哈根加治巴肯住宅区的半私密性的前院

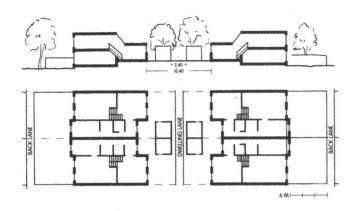

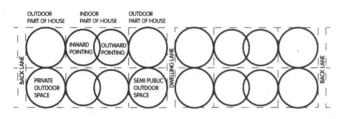

加治巴肯是哥本哈根南部的一处公共住宅开发区，建于1972—1974年。每户均有一个半私密性的前院和一个私密性的后院。汽车停在小区外缘，所有内部交通均为步行[建筑师：A·尼尔森与J·奥伦·尼尔森（Nielsen）、斯托加德（Storgaard）和马库森（Marcussen）]

上图：总平面（1：15000）
左上图：通道的剖面、平面及关系说明图
左图照片为私密性一侧
下图：面临通道的半私密性前院。这种实用的前院使这一住宅区中的户外活动比类似的新住宅区[A]中多35%（参见第40页）

前建立起精心设计的休息区来柔化边界。

在许多情况下都有可能改善现有多层建筑四周的户外逗留条件，尽管出入不便这一难题在一定程度上会限制新条件的实际使用。

例如，在每个楼梯间的入口处前面建起带休息场所的半私密性前院、游戏区、花台等，可以为该单元的住户服务。

在一些相当新的多层住宅区内也对许多地方作了改进。例如建于20世纪60年代的瑞典马尔默（Malmö）市克罗克斯巴克和玫瑰园多层住宅区，20世纪70年代末以来有了很大的改善。

在这两处住宅区以及类似的住宅区中，建筑师们十分注重划分住宅建筑群，使大而含混不清的区域被清晰地分成较小的单元。这种划分是通过设计三种或四种公共空间来完成的，这些空间明确地分属于整个住宅区，属于某几栋建筑，属于某一楼梯间入口，或者属于底层公寓。

在这两处住宅区中，还使住宅附近的区域具有更明确的划分和更使人亲近的特点，以在人们使用户外区域最频繁的地方改善户外停留与休息的条件。

在澳大利亚最近的住宅建设政策中，带半私密性前院的低层住宅的概念再度受到重视。这一概念在过去150年间起了很好的作用，至今仍有其重要价值。在新建住宅的背后，先前不太成功的政策的产物清晰可见（墨尔本）

英国纽卡斯尔拜克住宅区的半私密性的前院

英国纽卡斯尔市拜克住宅区，
1969—1980年建（建筑师：拉尔
夫·厄斯金）

右图：阳台、凹进的入口、小巧的
座凳、微型的花园以及距厨房窗
口"一臂之遥"的邻居——简单却
极为实用的细节

下图：如果公共空间的边界起作
用，那么这一空间也就会发挥作
用。精心设计的边界区域：小小的
台阶、微型的花园、门边的座凳以
及相邻单元间的绿篱

在各种类型环境之中的柔性边界

在有人出入于城市功能的任何地方，或者在一幢建筑物内的功能能得益于户外逗留条件的地方，建立起室内室外的良好联系，并在建筑物前设置良好的休息场所是理所当然的。

在进行日常活动的地方为户外逗留创造这样一种广泛的机会，对于某一特定的功能，对于建筑群、邻里单位和城市中的户外生活都无疑是一种有价值的贡献。

瑞典马尔默市的克罗克斯巴克（Krocksbäck）住宅区建于 20 世纪 60 年代中期，是 20 世纪 80 年代中期经广泛改进的众多住宅区之一。工作的重点是改善室外空间、入口处以及地面建筑物附近的区域

右图：改善前的住宅楼
下图：改善后的住宅楼
右下图：入口区域和半私密性的前院

参考文献

1. Abildgaard, Jørgen, and Jan Gehl. "Bystøj og byaktiviteter" (Noise and Urban Activities). *Arkitekten* (Danish) 80, no. 18. (1978): 418 – 28.

2. Asplund, Gunnar, et al. *Acceptera*. Stockholm: Tiden, 1931.

3. Alexander, Christopher, Sara Ishikawa, and Murray Silverstein. *A Pattern Language*. New York: Oxford University Press, 1977.

4. Appleyard, D., and Lintell, M. "The Environmental Quality of City Streets." *Journal of the American Institute of Planners*, JAIP, vol. 38, no. 2 (March 1972): 84 – 101.

5. Bosselmann, Peter, et al. *Sun, Wind, and Comfort: A Study of Open Spaces and Sidewalks in Four Downtown Areas*. Berkeley: University of California Press 1984.

6. *Bostadens Grannskab*. Statens Planverk, report 24. Stockholm, 1972.

7. "Byker." *Architectural Review* 1080 (December 1981): 334 – 43.

8. Collymore, Peter. *The Architecture of Ralph Erskine*. London: Granade, 1982.

9. *Crime Prevention Considerations in Local Planning*. Copenhagen: Danish Crime Prevention Council, 1984.

10. Cullen, Gordon. *Townscape*. London: The Architectural Press, 1961.

11. "De Drontener Agora." φ *Architectural Design* 7 (1969): 358 – 62.

12. "Galgebakken." *Architects' Journal*, vol. 161, no. 14 (April 2, 1975): 722 – 23.

13. "Gårdsåkra." (Nya Esle, Esløv). *Arkitektur* (Swedish), vol. 83, no. 7 (1983): 20 – 23.

14. Gehl, Ingrid. *Bo – miljø* (Living Environment – Psychological Aspects of Housing). Danish Building Research Institute, report 71. Copenhagen: Teknisk Forlag, 1971.

15. Gehl, Jan. *Attraktioner på Strøget*. Kunstakademiets Arkitektskole. Studyreport. Copenhagen, 1969.

16. Gehl, Jan. "From Downfall to Renaissance of the Life in Public Spaces." In *Fourth Annual Pedestrian Conference Proceedings*. Washington, D. C.: U. S. Government Printing Office, 1984, 219 – 27.

17. Gehl, Jan. "Mennesker og trafik i Helsingør" (Pedestrians and Vehicular Traffic in Elsinore). *Byplan* 21, no. 122 (1969): 132 – 33.

18. Gehl, Jan. "Mennesker til fods" (Pedestrians). *Arkitekten* (Danish) 70, no. 20 (1968): 429 – 46.

19. Gehl, Jan. "Soft Edges in Residential Streets." *Scandinavian Housing and Planning Research* 3, no. 2, May 1986: 89 – 102.

20. Gehl, Jan. "The Residential Street Environment." *Built Environment* 6, no. 1 (1980): 51 – 61.

21. Gehl, Jan, et al. *The Interface Between Public and Private Territories in Residential Areas*. A study by students of architecture at Melbourne University. Melbourne, Australia, 1977.

22. Goffman, Erving. *Behavior in Public Places: Notes on the Social Organization of Gatherings*. New York: The Free Press, 1963.

23. Hall, Edward T. *The Hidden Dimension*. New York: Doubleday, 1966.

24. Jacobs, Jane. *The Death and Life of Great American Cities*. New York: Random House, 1961.

25. Jonge, Derk de. "Applied Hodology." *Landscape* 17, no. 2 (1967 – 68): 10 – 11.

26. Jonge, Derk de. *Seating Preferences in Restaurants and Cafés*. Delft, 1968.

27. Kao, Louise. "Hvor sidder man på Kongens Nytorv?" (Sitting Preferences on Kongens Nytorv). *Arkitekten* (Danish) 70, no. 20 (1968): 445.

28. Kjærsdam, Finn. *Haveboligområdets fællesareal*. Parts 1 and 2. Part 1 published by: Den kongelige Veterinær og Landbohøjskole, Copenhagen, 1974. Part 2 by: Aalborg Universitetscenter, ISP, Aalborg, 1976.

29. Krier, Leon. "Houses, Palaces, Cities." Architectural Design Profile 54, *Architectural Design* 7/8 (1984).

30. Krier, Leon. "The Reconstruction of the European City." *RIBA Transactions* 2 (1982): 36 – 44.

31. Krier, Leon, et al. *Rational Architecture*. New York: Wittenbom, 1978.

32. Krier, Rob. *Urban Space*. New York: Rizzoli International, 1979.

33. Kirer, Rob. "Elements of Architecture." Architectural Design Profile 49, *Architectural Design* 9/10 (1983).

34. Krier, Rob. *Urban Projects* 1968 – 1982. IAUS, Catalogue 5. New York: Institute for Architecture and Urban Studies, 1982.

35. Le Corbusier. *Concerning Town Planning*. New Haven: Yale University Press, 1948.

36. Lyle, John. "Tivoli Gardens." *Landscape* (Spring/Summer 1969): 5 – 22.

37. Lynch, Kevin. *Site Planning*. Cambridge, Mass.: MIT Press, 1962.

38. Lövemark, Oluf. "Med hansyn til gångtrafik" (Concerning Pedestrian Traffic). |*PLAN*|(Swedish) 23, no. 2 (1968): 80 – 85.

39. Morville, Jeanne. *Planlægning of bϕrns udemiljϕ i etageboligområder* (Planning for Children in Multistory Housing Areas). Danish Building Research Institute, report 11. Copenhagen: Teknisk Forlag, 1969.

40. Newman, Oscar. *Defensible Space*. New York: Macmillan, 1973.

41. *Planning Public Spaces Handbook*. New York: Project for Public Spaces, Inc., 1976.

42. Pressman, Norman, ed. *Reshaping Winter Cities*. Waterloo, Ontario: University of Waterloo Press, 1985.

43. "Ralph Erskine." Mats Egelius, ed. 2, Architectural Design Profile 9, *Architectural Design* 11/12(1977).

44. Rosenfelt, Inger Skjervold. *Klima og boligområder* (Climate and Urban Design). Norwegian Institute for City and Regional Planning Research, Report 22. Oslo, 1972.

45. Sitte, Camillo. *City Planning According to Artistic Principles*. New York: Random House, 1965.

46. "Skarpnäck." *Arkitektur* (Swedish) 4 (1985): 10 – 15.

47. "Solbjerg Have." *Architectural Review* 1031 (January 1983): 54 – 57.

48. "Sættedammen." *Architects' Journal*, vol. 161, no. 14 (April 2, 1975): 722 – 23.

49. "Tinggården." *International Asbestos Cement Review*, AC no. 95 (vol. 24, no. 3, 1975): 47 – 50.

50. "Trudeslund." *Architectural Review* 1031 (January 1983): 50 – 53.

51. Whyte, William H. *The Social Life of Small Urban Spaces*. Washington D. C.: Conservation Foundation, 1980.

插图致谢

照片

Aerodan （P86 下图，P108 上图，P109），Jan van Beusekom （P140 中左图），Esben Fogh （P138 右图），Foto C （P60 上图），Lars Gemzφe （P26 上图），Bo Grφnlund （P127 下图），Sarah Gunn （P130 上图），Lars Gφtze （P51 下图），Jesper Ismael （P70），Julie Rφnnow （P20，P106 左图，P120 中图，P176 上图），Other photographers: （P26 下图，P86 上图，P88 上图，P90 上图，P92，P110 上图，P115，P134 下图，P196 下图）.

Jan Gehl: 上述除外的其他所有照片

图表

D. Appleyard and M. Lintell （P39）. Le Corbusier （P48），Christoffer Millard （P44），Oscar Newman （P63，P64），Project for Public Spaces （P38），Inger Skjervold Rosenfeldt （P180）.

译后记

　　本书作者扬·盖尔（Jan Gehl）先生是国际知名的城市设计专家，多年来一直担任丹麦皇家艺术学院的建筑学院城市设计系主任，曾先后在美国、加拿大、墨西哥、澳大利亚、日本、中国以及欧洲各国进行研究和讲学。《交往与空间》一书于1971年出版后，对斯堪的纳维亚及欧美其他地区的城市及居住区的规划设计产生了广泛的影响。先后被译成英文、日文、意大利文、荷兰文、挪威文、捷克文等多种文字，并在许多国家被列为建筑学及城市规划设计专业学生的必读书目。著名建筑师拉尔夫·厄斯金（Ralph Erskine）称本书为"有特殊重要性的著作"。1991年本书中文第一版由中国建筑工业出版社出版，同样产生了较大的影响。时至今日，不少有关城市设计的学术专著和论文仍将本书作为重要的参考书目。2001年10月，扬·盖尔先生来中国访问讲学，受到热烈的欢迎。2002年7月，扬·盖尔先生拍摄的纪录片《人性化的城市》在中国中央电视台播出，使他的人性化城市设计思想为更多的中国设计师和大众所了解。

　　本书着重从人及其活动对物质环境的要求这一角度来研究和评价城市和居住区中公共空间的质量，在从住宅到城市的所有空间层次上详尽地分析了吸引人们到公共空间中散步、小憩、驻足、游戏，从而促成人们的社会交往的方法，提出了许多独到的见解。尽管欧美各国的具体条件与中国有很大的不同，但本书所讨论的问题是世界性的，我们一定会从扬·盖尔先生的研究中得到有益的启示，促进我国城市规划和设计水平的提高。

　　本书中文第四版是根据2001年的最新英文版翻译出版。扬·盖尔先生为此撰写了中文版再版前言。

何人可

2002年7月16日

于岳麓山下